广联达工程造价软件应用丛书

广联达 GBQ4.0 计价软件应用及答疑解惑

富　强　主编

中国建筑工业出版社

图书在版编目（CIP）数据

广联达 GBQ4.0 计价软件应用及答疑解惑/富强主编. —北京：中国建筑工业出版社，2012.11（2024.7重印）
（广联达工程造价软件应用丛书）
ISBN 978-7-112-14810-3

Ⅰ.①广… Ⅱ.①富… Ⅲ.①建筑工程-工程造价-应用软件 Ⅳ.①TU723.3-39

中国版本图书馆 CIP 数据核字（2012）第 249244 号

本书是继《GCL2008 图形算量软件应用及答疑解惑》一书后，"华春杯"全国广联达算量大赛-工程造价软件应用丛书的第二本。全书共分为 6 章，包括基础篇、技巧提高篇、实战篇、问答篇、电子标操作篇、新功能篇，其中前四章是软件应用由浅入深的讲解过程，第 5 章、第 6 章对软件行业电子标要求和软件自身新功能应用进行了讲解。全书将 16 个基本基础知识点，36 个技巧提高应用，20 余个省市实战热点与全国大赛中总结精选的 300 余个问答，形成循序渐进的有机学习的整体，供软件应用人员快速查阅。延续了《GCL2008 图形算量软件应用及答疑解惑》一书的阶梯性、实用性、全面性，可供广大预算人员、高等院校建筑工程相关专业师生参考和学习使用。

* * *

责任编辑：刘瑞霞
责任设计：赵明霞
责任校对：肖　剑　赵　颖

广联达工程造价软件应用丛书
广联达 GBQ4.0 计价软件应用及答疑解惑
富　强　主编

*

中国建筑工业出版社出版、发行（北京西郊百万庄）
各地新华书店、建筑书店经销
霸州市顺浩图文科技发展有限公司制版
建工社（河北）印刷有限公司印刷

*

开本：787×1092 毫米　1/16　印张：15¾　字数：392 千字
2012 年 12 月第一版　　2024 年 7 月第九次印刷
定价：**58.00** 元（含光盘）
ISBN 978-7-112-14810-3
（22881）

本书编委会

主　　审：吴佐民

策　　划：王　勇

主　　编：富　强

副 主 编：马镱心　王　莉

参编人员：富　强　马镱心　王　莉　只　飞

　　　　　侯　杰　王　野　刘开阳　王俊英

　　　　　宫明明　陈长春　郭文燕　赵　旸

　　　　　张玉坤　于晓磊　张春英　孙庆超

　　　　　周小龙　李　娟

序　一

最近，我收到了华春建设工程项目管理公司王勇董事长和"华春杯"全国广联达算量大赛第五届算量大赛辽宁区总冠军富强先生的邀请，邀请我为其策划的《"华春杯"广联达工程造价软件应用丛书》作序。当时还以为是一本企业宣传的书籍，便放在了案头。几天后，又接到富强先生的电话，带回了家，翻阅了一遍，顾虑释然。原来这是一套介绍算量的工具书，可贵的是编写得具体、精细、准确，尤其针对问题和技巧进行了剖析。因感到作者的的勤奋，以及对细节的把握，相对于市面过多的东拼西凑的书籍，我认为非常值得鼓励与推荐，所以令我欣然命笔，答应了作者的请求。

2011 年住房和城乡建设部发布了"工程造价行业发展'十二五'规划"。规划提出的战略目标之一是："要构建以工程造价管理法律、法规为制度依据，以工程造价标准规范和工程计价定额为核心内容，以工程造价信息为服务手段的工程造价法律、法规、标准规范、计价定额和信息服务体系"。这说明工程造价信息体系不仅是工程造价管理体系的重要组成部分，也是提高工程造价管理和服务水平的重要手段。

我本人认为：工程造价信息化就是在传统的建设工程造价管理知识的基础上，应用IT 技术为工程造价管理，包括以工程造价管理为核心的多目标项目管理、工程造价咨询、承包商的成本管理等提供服务的过程。工程造价信息化管理任务就是通过现代信息技术在工程造价管理领域的应用，提高工程造价管理工作的效率，使工程造价管理工作更趋科学化、标准化，使工程计价更具高效性。工程造价信息服务的内容应包括：工程计量、计价工具软件（包括：服务于业主项目管理的费用控制、工程咨询业工程计价、承包商成本控制）服务，各类工程造价管理软件（如：全过程造价管理软件、具体项目管理软件等）服务，以及各阶段工程计价定额、各类工程计价信息和以往或典型工程数据库等信息服务。希望广大的造价工作者，在以国家法律、法规为执业前提，在满足工程造价管理的国家标准、行业标准具体要求下，充分应用好自身收集和市场服务的大量的工程计价定额及工程计价信息，先进的工程计量与计价工具软件，以及各类管理软件，高效地完成工程的计价和全方位的工程造价管理工作。

富强先生的书不是什么工程造价信息化的理论专著，但就工程计量而言精细、具体，有针对性。其本人能在大赛的众多赛手中拔得头筹自有其过人之处，更可贵的是其善于总结，并能写出来与大家分享，令我欣慰。我真心地希望广大的造价工作者，从点滴做起，在各自的岗位善于总结，并与大家交流与分享，那样的话，我们的工程造价管理的专业基础、行业标准就会很快建设起来，我们第六届理事会提出的"夯实技术基础"就不会空谈。

在此也感谢华春建设工程项目管理公司王勇董事长对本书的策划与支持！也愿广大工程造价专业人员从中获益。

中国建设工程造价管理协会

秘书长：吴佐民

2012 年 11 月 26 日

序　二

这几天，在我的案头，堆放着即将出版的《"华春杯"广联达工程造价软件应用丛书》的清样稿。

看着这内容丰富详实，具有实战、实效、实操作用的专业书籍，作为连续三次冠名的华春公司董事长，作为亲身操持了三次大赛的负责人，作为四十多年来长期在建设工程行业摸爬混打的老造价工作者，不免突生太多感慨、感悟和感叹。

不计工本、不辞辛劳连续三年冠名第五届、第六届、第七届广联达"华春杯"全国算量软件应用大赛、造价软件全能擂台赛、安装算量应用大赛，其中付出的精力、花费的财力、投入的人力，都彰显了华春人要"为中国建设工程贡献全部力量"的使命和追求。

倾注热情，奉献关怀，动员、感召、鼓劲、支持包括华春公司员工在内的全国各地一切有志于从事建设工程造价工作者，让他们站在当代科学技术崭新的平台上，学习新知识，操练新技能，从基础和整体上提高工程量计算电算化水平，更显示了华春人胸怀高远、不计私利、为中华复兴而努力的坚定决心。

今天，在三届"华春杯"全国广联达造价大赛成果汇集成册即将付梓出版之际，大赛中，一幕幕充满激情与感动的场面，一张张追求新知识渴望的眼神，仍然常常不经意地浮现在我的眼前，激动着我的心。

我衷心感谢所有为此书奉献了智慧和精力的同行们，我更想和他们一起，把这本书献给一切有志于为中国建设工程造价奉献青春和毕生精力的年轻朋友们，愿这本书能成为你们前进道路上的铺路石。

华春建设工程项目管理有限责任公司

董事长：王方

2012 年 11 月

序　三

收到第五届算量大赛全国亚军、辽宁赛区总冠军富强先生的邀请为《"华春杯"广联达工程造价软件应用丛书》作序，深感荣幸。通读此套丛书，不禁让我回想起第五届、第六届、第七届"华春杯"全国广联达算量大赛颁奖大会上，一幕幕充满激情与感动的画面。这套沉甸甸的书，是大家通过比赛获得认可和成长的升华，更是这样一群专注于造价行业的精英们智慧和经验的结晶。

这些，与广联达连续六年面向全国造价从业人员每年举办软件应用大赛的宗旨不谋而合——通过为从业人员搭建一个展示软件应用技能的平台，帮助大家提高业务技能和综合素质，从而推动整个行业工程量计算电算化水平的发展进程。不仅如此，广联达自2007年起还针对全国高职高专、高等院校开展一年一度的算量软件应用大赛，促进了高校实践教学的深化，并进一步提升在校学生的软件操作能力。

广联达之所以如此重视造价系列软件（特别是算量软件）的深入应用，源于我们十余年来对建筑行业信息化的研究和积累，无数成功与失败的例子，让我们领悟到行业信息化"以应用为本"的解决之道——唯有将信息化产品和服务真正应用起来，方能提高从业人员的工作效率、帮助业内企业赢得时间和利润。

如今，我们非常高兴地看到来自国内特级总承包施工单位、知名地产公司、造价事务所等单位的一线造价精英们，结合多年的实践经验，为大家呈现这样一套集基础知识、应用技能和实际案例为一体的专业书籍。我们相信，在本套丛书的专业引导下，您将更加熟悉和了解广联达系列造价软件的应用，从而更好地解决在招投标预算、施工过程预算以及完工结算阶段中的算量、提量、对量、组价、计价等业务问题，使广大造价工作者从繁杂的手工算量工作中解放出来，有效提高算量工作效率和精度。

本套丛书付梓之际，全国的各类建设工程项目又将进入新一轮的建设中，我们真心希望本套丛书能够成为您从事算量工作的良师益友，为您解决更多工作中的实际问题。同时，也衷心感谢各位读者对本书以及广联达公司的支持与关注。感谢富强先生和各位作者坚持不懈的努力，谢谢你们！

未来，作为建设工程领域信息化介入程度最深、用户量最多、具备行业独特优势的广联达，将继续秉承"引领建设工程领域信息化服务产业的发展，为推动社会的进步与繁荣做出杰出贡献"的企业使命，依托完整的产品链，围绕建设工程领域的核心业务——工程项目的全生命周期管理，深入拓展行业需求与潜在客户，推动行业整体工程项目管理水平的提升，与广大同仁共同创造和分享中国建设领域的辉煌未来！

广联达软件股份有限公司

总裁：贾晓平

2012 年 11 月

前　　言

2011 年 7 月经过全体编写人员 2 年多的辛苦努力，"广联达工程造价软件应用丛书"的第一册《GCL2008 图形算量软件应用及答疑解惑》终于在中国建筑工业出版社正式出版发行了。该书的全体编写人员均是来自"华春杯"全国广联达算量大赛第五届、第六届、第七届各省市的获奖选手以及广联达的资深研发和应用人员。回首往事，大家怀着激情与努力，在巨大的工作压力面前仍坚持参加"华春杯全国广联达算量大赛"与国内造价同行的精英们相互交流、提高共进。

在日常工作和比赛过程中，我们在网络上回答了数以万计的广联达软件学习和应用的问题，在无尽的问题中，我们决心在全国大赛落幕之际为全国造价工作者更好地学习和应用广联达软件，总结编写出一套整体应用水平较高的造价软件学习和使用的工具书。在《GCL 2008 图形算量软件应用及答疑解惑》一书出版一周年之际，我们感谢全国造价工作同行的支持、鼓励和帮助，我们也继续为提高造价软件应用人员的软件使用水平，不断地提高工作精准度和工作效率，回答软件应用者所提出的各种问题。令我们无比欣慰的是，这本书得到了同行们的一致好评。而在不断地与广大读者共同交流、共同进步的同时，结合广联达 GBQ4.0 计价软件自身的特点，我们将广联达工程造价软件应用丛书的第二册《广联达 GBQ4.0 计价软件应用及答疑解惑》分为 6 章内容进行讲解，分别是基础篇、技巧提高篇、实战篇、问答篇、电子标操作篇、新功能篇，更加符合软件应用者对各个学习与应用阶段的需求，更能适合不同需求的读者学习应用。

在书中的光盘内集成了广联达 GBQ4.0 计价软件（学习版）；广联达 GBQ4.0 计价软件基础知识视频教程（完整版）；使读者对照书籍学习的同时，将可视化的基础学习与技巧提高学习相结合，达到事半功倍的学习效果。

我们诚挚地向所有"华春杯"全国广联达第五届、第六届、第七届算量大赛的参赛与获奖选手表示感谢。向北京张建中、宋波、王立新、戴龙文、左强、关跃建、陈明亮、樊飞军、乔传颉、王海兵、张丽梅、胡蓬、王东宇、刘庆利、任佳彬、刘锁柱、赵宇石、赵向前、陈勇力、刘岩、刘洋、刘军、刘福平，上海于健、曾祥玉，河北贾文雅、刘建峰，辽宁富恩德、侯杰、王野、李超（排名不分先后），以及住房和城乡建设部中国建设工程造价管理协会、中国建筑工程总公司、中建一局（集团）有限公司、中建一局集团建设发展有限公司、华春建设工程项目管理有限责任公司、广联达软件股份有限公司等对本书编著提供大力支持和帮助的个人和单位一并致谢。随着造价软件的不断升级与发展，更新更好的应用方法也将层出不穷，欢迎广大造价工作者提出宝贵意见和建议，专业交流答疑网址：七星造价网 www.7xps.com，在此感谢七星造价网的大力支持。大赛为我们提供了竞赛、学习、交流、提高的平台，我们谨以此书献给全国所有的造价工作者！

富强

2012 年 8 月　于北京

目　录

目录

广联达GBQ4.0计价软件应用及答疑解惑

广联达GBQ4.0计价软件应用及答疑解惑

广联达GBQ4.0计价软件应用及答疑解惑

广联达GBQ4.0计价软件应用及答疑解惑

目
录

广联达GBQ4.0计价软件应用及答疑解惑

第 1 章

广联达 GBQ4.0 计价软件基础篇

1.1 广联达 GBQ4.0 计价软件简介

GBQ4.0 是广联达公司开发的集计价、招投标管理一体化的计价软件，是从 GBQ3.0 工具类软件转变为 GBQ4.0 的方案类的全新计价软件产品。GBQ4.0 是广联达建设工程造价管理整体解决方案中的核心产品。它以招投标阶段造价业务为核心完成业务需求分析及软件设计，支持清单计价和定额计价两种模式，采用项目管理应用模式，为造价专业工作提供了精细化、批处理功能，帮助工程造价人员在招投标阶段快速准确、安全有效地完成招标控制价或投标报价工作。

1. 软件应用流程

如图 1.1-1 所示。

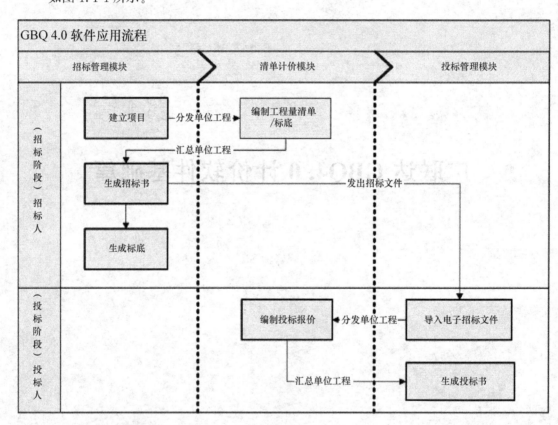

图 1.1-1

2. 编制投标组价的主要工作

以清单计价规则进行如下讲解：

（1）新建投标项目

（2）编制分部分项工程量清单投标组价

（3）编制措施项目清单投标组价

（4）编制其他项目清单投标组价

（5）调整市场价（人材机汇总）

（6）查看单位工程费用汇总

（7）查看报表

（8）汇总项目总价

（9）打印或导出电子标书

1.2　新建单位工程

1. 基本操作步骤

第一种方式：双击桌面上的 GBQ4.0 图标，如图 1.2-1 所示。

第二种方式：点击开始菜单然后点击广联达 GBQ4.0 图标，如图 1.2-2 所示。

图 1.2-1

图 1.2-2

第三种方式：点击开始菜单在程序里找，如图 1.2-3 所示。

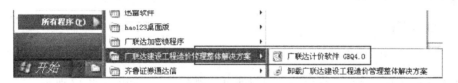

图 1.2-3

点击新建单位工程（如果本项目有几个标段则点击新建项目/标段），如图 1.2-4 所示。

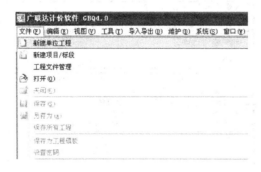

图 1.2-4

2. 新建单位工程界面介绍

根据实际工作要求选择：

计价方式：如图 1.2-5 所示。

⊙清单计价　　　○定额计价（工料机法）　　　○定额计价（仿清单法/综合单价法）

图 1.2-5

定额库：如图 1.2-6 所示。

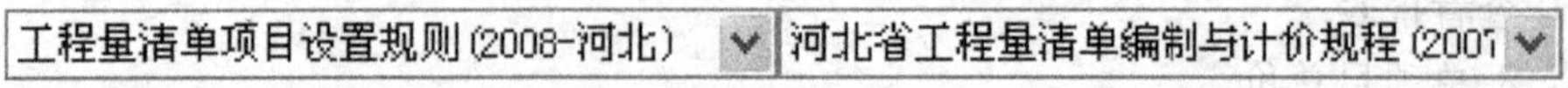

工程量清单项目设置规则(2008-河北)
河北省工程量清单编制与计价规程(2007

图 1.2-6

定额专业：如图 1.2-7 所示。

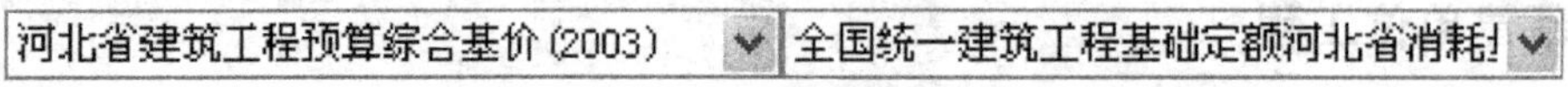

河北省建筑工程预算综合基价(2003)
全国统一建筑工程基础定额河北省消耗!

图 1.2-7

模板类别：如图 1.2-8 所示。

工程名称：如图 1.2-9 所示。

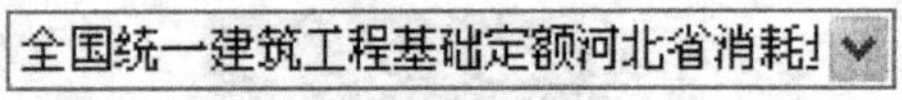

全国统一建筑工程基础定额河北省消耗!

图 1.2-8

预算书3

图 1.2-9

清单专业：如图 1.2-10 所示。

定额专业：如图 1.2-11 所示。

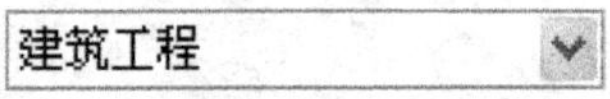

建筑工程

图 1.2-10

土建工程

图 1.2-11

输入建筑面积、选择工程类别、纳税地点、规费类别，如图 1.2-12 所示。

新建单位工程
河北
计价方式
清单计价
定额计价(工料机法)
定额计价(仿清单法/综合单价法)
按向导新建
按模板新建
定 额 库:
全国统一建筑工程基础定额河北省消耗!
定额专业:
土建工程
模板类别:
通性地区
工程名称:
预算书3
名称
内容
1 建筑面积
2 工程类别
三类工程
3 纳税地点
市区
4 规费类别
非房地产开发项目
确定
取消

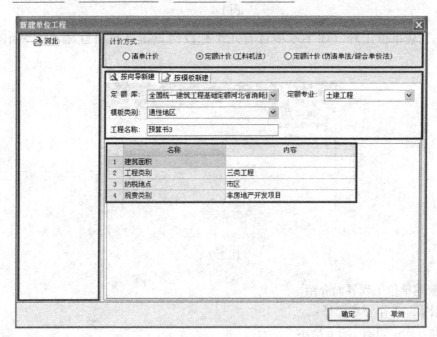

图 1.2-12

3. 软件界面的功能区域

如图 1.2-13 所示。

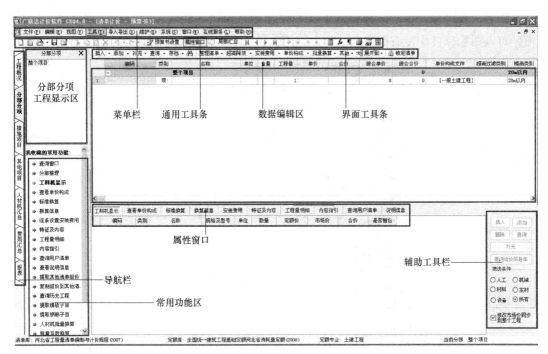

图 1.2-13

4. 填写工程概况

根据工程的实际填写工程信息、工程特征、指标信息，如图 1.2-14 所示。

	名称	内容
1	□ 基本信息	
2	合同号	
3	工程名称	预算书3
4	专业	土建工程
5	清单编制依据	河北省工程量清单编制与计价规程 (2007)
6	定额编制依据	全国统一建筑工程基础定额河北省消耗量定额 (
7	建设单位	
8	设计单位	
9	施工单位	
10	监理单位	
11	工程地址	
12	质量标准	
13	开工日期	
14	竣工日期	
15	建设单位负责人	
16	设计单位负责人	
17	编制人	
18	审核人	
19	□ 招标信息	
20	招标人	
21	法定代表人	
22	中介机构法定代表人	
23	造价工程师	
24	编制时间	
25	□ 投标信息	
26	投标人	
27	法定代表人	
28	造价工程师	
29	编制时间	
30	注册证号	

图 1.2-14

注意：在工程信息、工程特征上方有添加信息、插入信息、添加特征项、插入特征项，可以添加软件中没有而实际工程中要用到的信息。如图 1.2-15 所示。

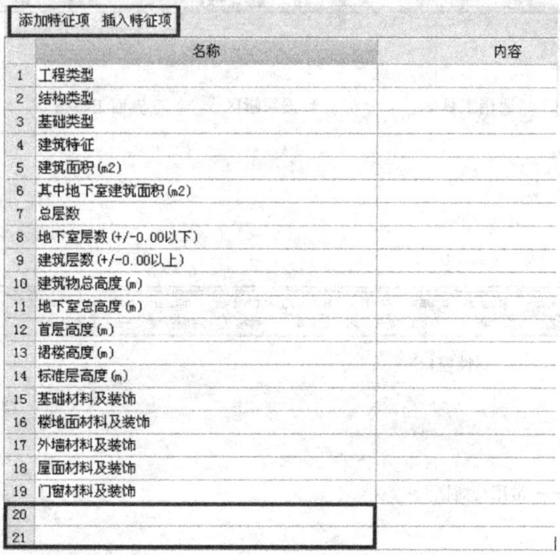

	添加特征项 插入特征项	
	名称	内容
1	工程类型	
2	结构类型	
3	基础类型	
4	建筑特征	
5	建筑面积(m2)	
6	其中地下室建筑面积(m2)	
7	总层数	
8	地下室层数(+/-0.00以下)	
9	建筑层数(+/-0.00以上)	
10	建筑物总高度(m)	
11	地下室总高度(m)	
12	首层高度(m)	
13	裙楼高度(m)	
14	标准层高度(m)	
15	基础材料及装饰	
16	楼地面材料及装饰	
17	外墙材料及装饰	
18	屋面材料及装饰	
19	门窗材料及装饰	
20		
21		

图 1.2-15

指标信息中点击导出到 Excel，可以将工程指标信息导入到目标 Excel，进行打印后可直观查看。如图 1.2-16 所示。

工程概况 ✕	导出到Excel	
工程信息	名称	内容
工程特征	1 工程总造价(小写)	.00
指标信息	2 工程总造价(大写)	零元整
	3 单方造价	0.00
	4 分部分项工程量清单项目费	0
	5 其中:人工费	0
	6 材料费	0
	7 机械费	0
	8 设备费	0
	9 主材费	0
	10 管理费	0
	11 利润	0
	12 措施项目费	0
	13 其他项目费	0
	14 规费	0
	15 税金	0

图 1.2-16

1.3　工程量清单项的输入

工程量清单项的输入（查询输入、直接输入、补充清单项的输入、导入 Excel）

1. 第一种方法：查询输入清单项

点击查询，如图 1.3-1 所示。

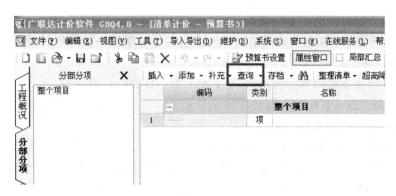

图 1.3-1

弹出查询对话框后，点击清单指引→选择清单项→勾选定额子目→插入清单，如图
1.3-2 所示。

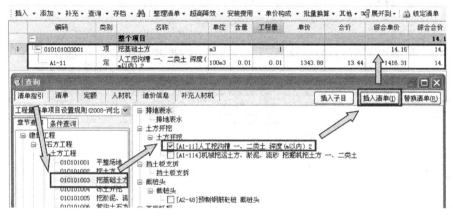

图 1.3-2

小结：清单指引常用于编制招标方编制标底或清单的预算工程。

2. 第二种方法：直接输入工程量清单

点击添加清单项→输入清单编码，如图 1.3-3 所示。

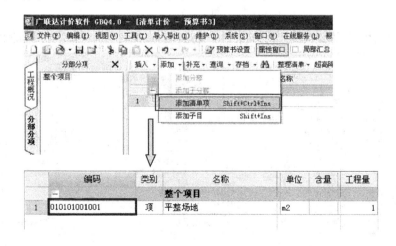

图 1.3-3

3. 第三种方法：补充清单的输入

点击补充→清单→输入补充清单编码→输入名称、单位→输入项目特征、工作内容、计算规则（必填项）

小结：08 清单规定的专业附录码 A 土建工程，B 装饰装修工程，C 安装工程，D 市政工程，E 园林工程，F 矿山工程。

4. 第四种方法：导入 Excel 文档

适用于招标方给出投标方电子档清单。

点击导入导出→导入 Excel 文件→分部分项工程量清单→"目标"选择分部分项工程量清单→打开，如图 1.3-4 所示。

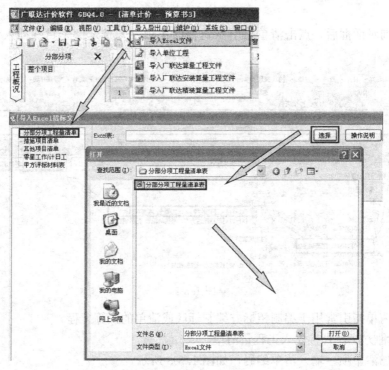

图 1.3-4

查看行识别和列识别，将未识别的类目手动选择，点击列识别或行识别。如图 1.3-5 所示。

图 1.3-5

点击导入→关闭→解除清单锁定（如果需要修改清单)→编辑清单

软件默认保证招标方与投标方工程量清单一致，如果遇到招标方工程量清单调整，则需要用到解除清单锁定，如图 1.3-6 所示。

编码	类别	名称	单位	含量	工程量	单价	合价	综合单价	综合合价
		整个项目							0
010101001001	项	平整场地	m2		2758.78			0	0
010101003001	项	挖基础土方	m3		12043.42			0	0
010103001201	项	基础土石方回填	m3		324.17			0	0
010201001101	项	预制钢筋混凝土管桩	m		16126			0	0
010304001301	项	普通砖砌块墙	m3		2367.2			0	0
010401005101	项	独立桩承台	m3		624.12			0	0
010401006001	补项	垫层	m3		178.03			0	0

图 1.3-6

1.4 工程量输入

工程量的输入（直接输入、图元公式、表达式输入）

1. 第一种方法：直接输入

在图 1.3-6 中工程量列直接输入工程量即可。

2. 第二种方法：图元公式输入

如图 1.4-1 所示。

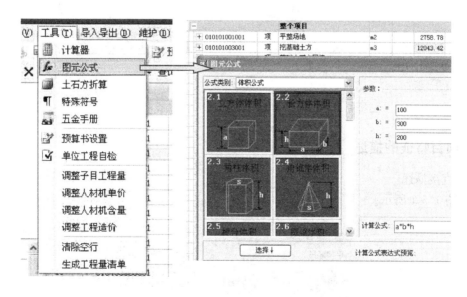

图 1.4-1

3. 第三种方法：工程量表达式输入

点击鼠标右键→点击页面显示列→勾选工程量表达式→点击在工程量表达式列→输入公式，如图 1.4-2 所示。

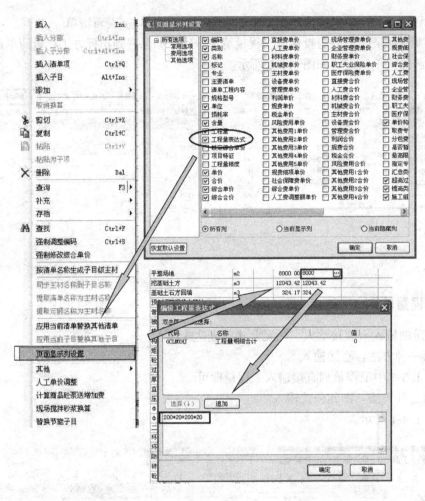

图 1.4-2

1.5 项目特征的描述

1. 直接描述

如图 1.5-1 所示。

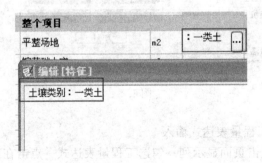

图 1.5-1

2. 项目特征及内容

如图 1.5-2 所示。

图 1.5-2

1.6 整理清单

1. 保证清单顺序一致

为了投标方清单与招标方清单顺序一致可先点击保存清单原顺序，然后再组价完毕后点击还原清单原顺序即可。如图 1.6-1 所示。

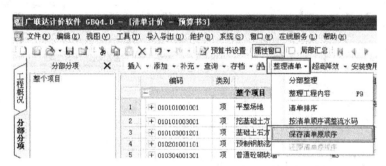

图 1.6-1

2. 按专业、章、节、自定义分部整理清单

点击整理清单→勾选目标整理清单规则→点击确定，如图 1.6-2 所示。

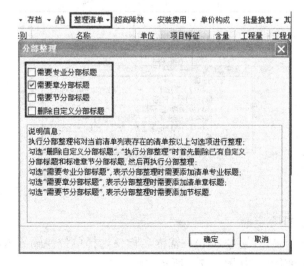

图 1.6-2

1.7 定额项的输入

1. 第一种方法：直接输入

2. 第二种方法：查询定额（常用）

1和2两项的操作方法请参照清单的输入和查询。

3. 第三种方法：内容指引（常用）

如图1.7-1所示。

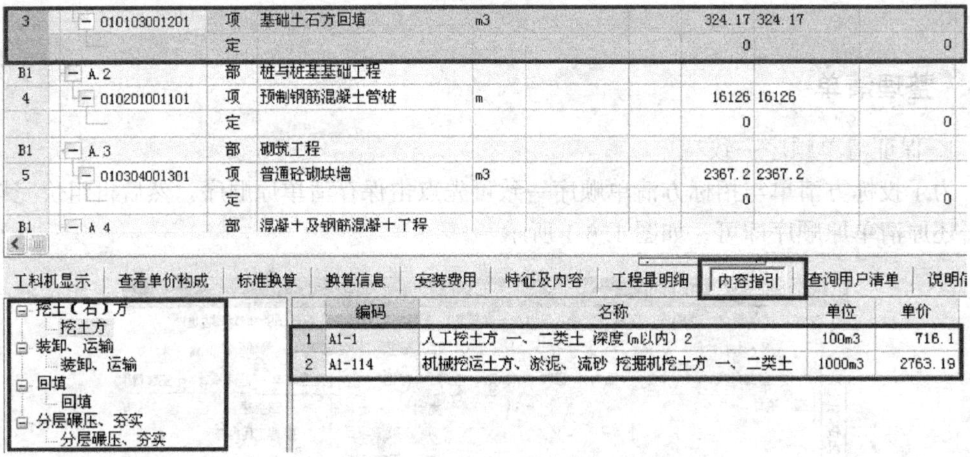

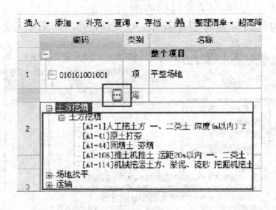

图1.7-1

4. 第四种方法：直接点击定额子目指引

点击"小三点"→选择相应定额子目，如图1.7-2所示。

图1.7-2

5. 第五种方法：补充定额

在定额栏输入B：001（编号001）→输入名称→选择单位→输入人材机设价格→（可以点击存档方便下次使用），如图1.7-3所示。

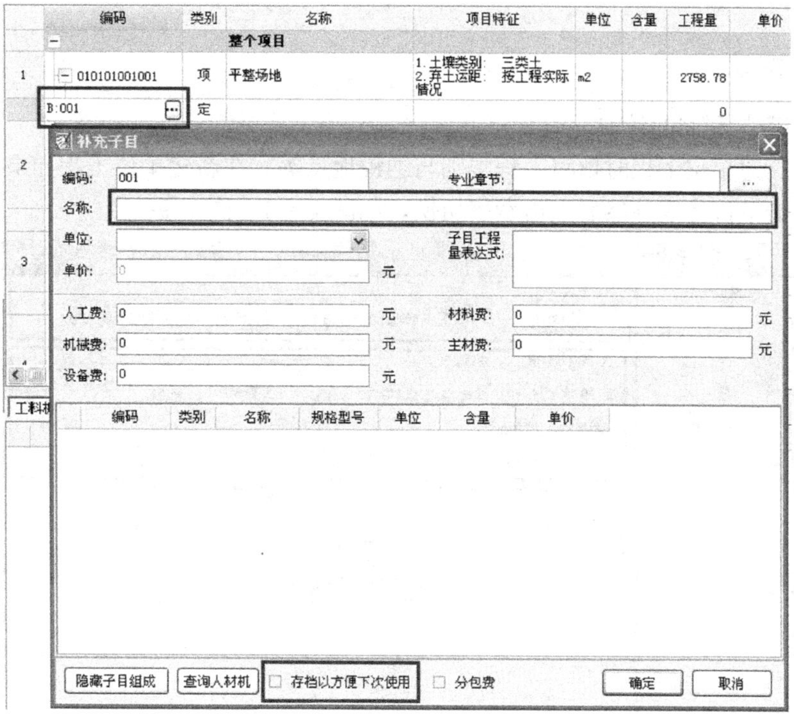

图 1.7-3

如果要调用已存定额，点击查询→找到相应定额→点击补充→双击补充定额。

1.8 定额的换算

1. 第一种方法系数换算

如图 1.8-1 所示，人工（R）材料（C）机械（J）格式为：定额编号＋空格＋R/C/J* 系数。

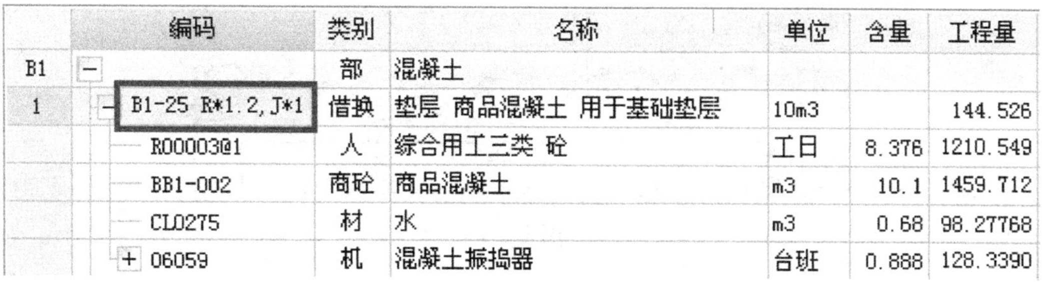

		编码	类别	名称	单位	含量	工程量
B1	−		部	混凝土			
1	−	B1-25 R*1.2,J*1	借换	垫层 商品混凝土 用于基础垫层	10m3		144.526
		R00003@1	人	综合用工三类 砼	工日	8.376	1210.549
		BB1-002	商砼	商品混凝土	m3	10.1	1459.712
		CL0275	材	水	m3	0.68	98.27768
	+	06059	机	混凝土振捣器	台班	0.888	128.3390

图 1.8-1

2. 其他方法会在技巧提高章节中详细讲解。

1.9 单价构成

1. 管理费与利润的计取

决定于新建单位工程时填写工程类别与纳税地点等，在新建单位工程如果设置需要修改就可以点击单价构成→然后点击费率切换，如图1.9-1~图1.9-3。

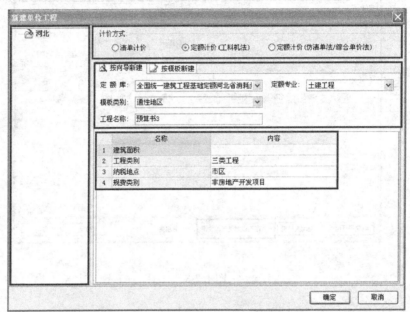

图 1.9-1

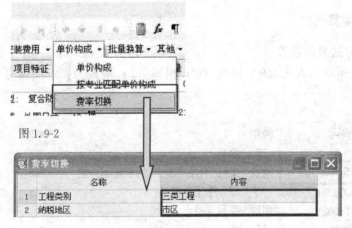

图 1.9-2

图 1.9-3

2. 风险费用的计取

点击单价构成→选择工程类别→选择风险费用→选择计算基数→确定计取（一般在项目的投保过程中，风险费用作为竞争的直接影响因素并未被国内建筑工程项目重视，但在国外建设项目中重视程度比较高，竞争更趋理性化），如图1.9-4所示。

广联达GBQ4.0计价软件应用及答疑解惑

图 1.9-4

1.10 措施项目清单的组价

措施项目清单组价分为定额组价、计算公式组价、实物量组价、清单组价、子措施组价。

点击鼠标右键→点击页面显示列→勾选组价方式→在如图 1.10-1 所示页面显示对应的组价方式→套用相应定额→完成（注意：模板组价时需要点击"提取模板系数"）。

	序号	类别	名称	单位	组价方式	调整系数
−			**措施项目**			1
	− 1		不可竞争费措施项目			1
1	1.1		安全防护、文明施工	项	计算公式组	1
	− 2		可竞争措施项目			1
	− 2.1		通用项目			1
2	+ 2.1.1		混凝土、钢筋混凝土模板及支架	项	定额组价	1
3	+ 2.1.2		脚手架	项	定额组价	1
4	+ 2.1.3		大型机械设备进出场及安拆	项	定额组价	1
5	+ 2.1.4		生产工具用具使用费	项	定额组价	1
6	+ 2.1.5		检验试验配合费	项	定额组价	1
7	+ 2.1.6		冬雨季施工增加费	项	定额组价	1
8	+ 2.1.7		夜间施工增加费	项	定额组价	1
9	+ 2.1.8		二次搬运费	项	定额组价	1
10	+ 2.1.9		工程定位复测场地清理费	项	定额组价	1
11	+ 2.1.10		停水停电增加费	项	定额组价	1
12	+ 2.1.11		已完工程及设备保护费	项	定额组价	1
13	+ 2.1.12		施工排水、降水	项	定额组价	1
14	+ 2.1.13		地上、地下设施、建筑物的临时保护措施	项	定额组价	1
15	+ 2.1.14		施工与生产同时进行增加费用	项	定额组价	1
16	+ 2.1.15		有害环境中施工增加费	项	定额组价	1
17	+ 2.1.16		超高费	项	定额组价	1
	+ 2.2		建筑工程			1
	+ 3		可计量措施			1

图 1.10-1

1.11 其他项目清单

其他项目分为暂列金额、专业工程暂估价、计日工费用、总承包服务费、签证及索赔计价表，如图 1.11-1 所示。

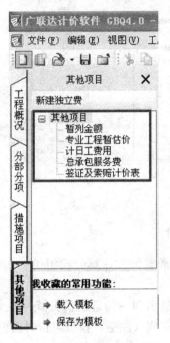

图 1.11-1

1. 暂列金额

招标人在工程量清单中暂定并包括在合同价款中的一笔款项。用于施工合同签订时尚未确定或者不可预见的所需材料、设备、服务的采购，施工中可能发生的工程变更、合同约定调整因素出现时的工程价款调整以及发生的索赔、现场签证确认等的费用。

点击暂列金额→插入费用行（添加费用行）→输入名称→选择计量单位→备注→完成，如图 1.11-2 所示。

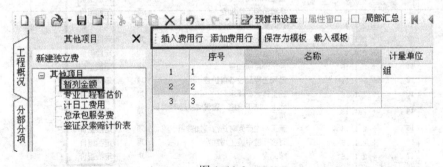

图 1.11-2

2. 暂估价

暂估价是指发包人在工程量清单中给定的用于支付必然发生但暂时不能确定价格的材料、设备以及专业工程的金额。由于暂估价为《标准施工招标文件》中的新增术语，发包人与承包人在采用之前的标准（或示范）文本签订合同之后，在合同履行过程中往往会发生一些争议和纠纷。因适用暂估价的主动权和决定权在发包人，发包人可以利用有关暂估价的规定，在合同中将必然发生但暂时不能确定价格的材料、工程设备和专业工程以暂估价的形式确定下来，并在实际履行合同过程中及时根据合同中所约定的程序和方式确定适用暂估价的实际价格，如此可以避免出现一些不必要的争议和纠纷。（操作方法基本同上）

3. 计日工

在施工过程中，完成发包人提出的施工图纸以外的零星项目或工作，按合同中约定的综合单价计价（《工程量清单计价规范》GB 50500—2008）。（操作方法基本同上）

（1）一般是只包括在合同价格内，用于工程量清单中没有合适细目的零星附加工作或变更工作。计日工的单价或合同总额价一般作为工程量清单的附件包括在合同内，是由承包人在投标时根据计日工明细表所列的细目填报的。（操作方法基本同上）

（2）计日工俗称"点工"，当工程量清单所列各项均没有包括，而这种例外的附加工作出现的可能性又很大，并且这种例外的附加工作的工程量很难估计时，用计日工明细表的方法来处理这种例外。应当指出，国内工程不大使用计日工，但 FIDIC 条款下使用计日工的场合很多。（操作方法基本同上）

4. 总承包服务费

"总承包服务费"是在工程建设施工阶段实行施工总承包时，当招标人在法律、法规允许的范围内对工程进行分包和自行采购供应部分设备、材料时，要求总承包人提供相关服务（如分包人使用总包人脚手架、水电接剥等）和施工现场管理等所需的费用。（操作方法基本同上）

5. 索赔

在工程承包合同执行过程中，由于合同当事人双方的某一方负责的原因给另一方造成经济损失或工期延误，通过合法程序向对方要求补偿或赔偿的活动。（操作方法基本同上）

6. 签证

按承发包合同约定，一般由承发包双方代表就施工过程中涉及合同价款之外的责任事件所作的签认证明（注：目前一般以技术核定单和业务联系单的形式反映者居多）。

工程签证以书面形式记录了施工现场发生的特殊费用，直接关系到业主与施工单位的切身利益，是工程结算的重要依据。特别是对一些投标报价包死的工程，结算时更是要对设计变更和现场签证进行调整。现场签证是记录现场发生情况的第一手资料。通过对现场签证的分析、审核，可为索赔事件的处理提供依据，并据以正确地计算索赔费用。（操作方法基本同上）

1.12 人材机汇总

1. 人材机价格的设置

（1）直接调整

如图 1.12-1 所示（修改过市场价的行会变成黄色底色）。

	编码	类别	名称	规格型号	单位	数量	预算价	市场价	市场价合计
143	CL0838	材	泵管	Φ150	m	1031.5437	100	100	103154.37
144	CL0851	材	白灰		kg	9200	0.1	0.1	920
145	CL0871	材	X型钢		t	2456.7829	5950	5950	14617858.26
146	CLF004	材	模板使用费		元	456686.683	1	1	456686.68
147	CLFBFB1	材	材料费		元	2050565.62	1	1	2050565.62
148	CY	机	柴油		kg	19261.361	5.7	5.7	109789.76
149	DIAN	机	电		Kw·h	6332279.75	0.65	0.65	4115981.84
150	DXLF	机	大修理费		元	624308.377	1	1	624308.38
151	HUIC	机	回程		元	21970.03	1	1	21970.03
152	JCXLF	机	经常修理费		元	1354310.01	1	1	1354310.01
153	JX001	机	人工费		元	533215.427	1	1	533215.43
154	JX0018	机	载货汽车(综合)		台班	2558.3603	414.9	414.9	1061483.69
155	JX0114	机	慢速卷扬机	(带塔 综合)	台班	488.389	154.7	154.7	75553.78
156	JX0152	机	卷扬机	(带塔 综合)	台班	9533.0359	162.19	162.19	1546163.09
157	JX0175	机	剪断机(综合)		台班	287.8998	184.44	184.44	44053.44
158	TY0222	机	吊装机械(综合)		台班	126.8999	1508.27	1508.27	191399.31

图 1.12-1

（2）载入市场价

如图 1.12-2 所示。

图 1.12-2

2. 评标材料的设置

（1）主要材料的设置

选择主要材料表→从人材机汇总选择→选择相应项目→完成，如图 1.12-3 所示。

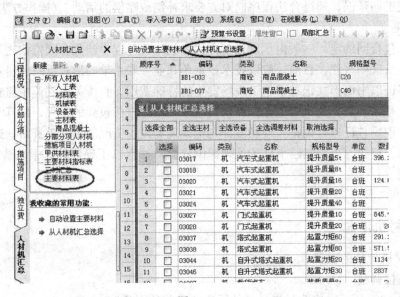

图 1.12-3

（2）主要材料指标表

同主要材料表的设置。

1.13　单位工程费用汇总

1. 核查各笔费用

如图 1.13-1 所示。

	序号	费用代号	名称	计算基数	基数说明	费率(%)	金额
1	1	A	分部分项工程量清单计价合计	FBFXHJ	分部分项合计		222,766.05
2	2	B	措施项目清单计价合计	CSXMHJ	措施项目合计		0.00
3	3	C	其他项目清单计价合计	QTXMHJ	其他项目合计		0.00
4	4	D	规费	GFHJ	规费合计		7,974.42
5	5	E	税金	A+B+C+D	分部分项工程量清单计价合计+措施项目清单计价合计+其他项目清单计价合计+规费	3.48	8,029.77
6			含税工程造价	A+B+C+D+E	分部分项工程量清单计价合计+措施项目清单计价合计+其他项目清单计价合计+规费+税金		238,770.24

图 1.13-1

2. 工程造价调整

工程量调整→点击工具→选择调整工程量→备份工程→调整额→调整→完成，如图 1.13-2 所示。

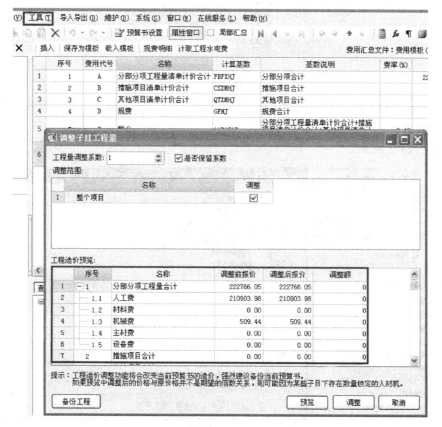

图 1.13-2

1.14 报表

1. 报表的预览

报表的分类分为招标方和投标方，招标方和投标方的报表可以互用。

如图 1.14-1 所示。

图 1.14-1

载入报表选择相应的模板或者历史工程，也可设计好报表格式，保存报表，然后选择此报表即可。

如图 1.14-2 所示。

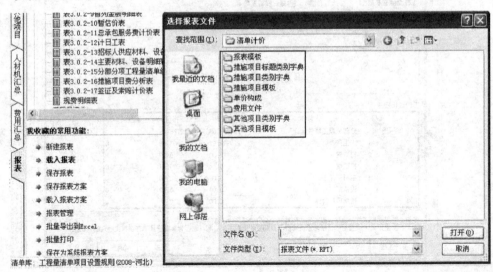

图 1.14-2

点击报表管理器可以调出系统中最全的报表，如图1.14-3所示。

图1.14-3

点击批量打印，任意选择要打印的报表一块打印，如图1.14-4所示。

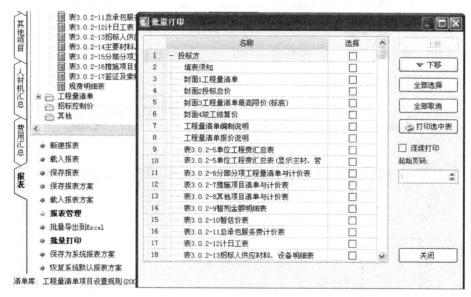

图1.14-4

批量导出，点击批量导出Excel勾选然后确定，如图1.14-5所示。

2. 报表的设计

如果出现报表在一页的宽度无法显示的情况，可以点击自适应列宽快速调整报表的宽度，如图1.14-6所示。

填写封面

如果要在软件中填写报表封面，传统的方法是选择报表，然后导出，在Excel中填写。另外一种方法就是在报表界面点击鼠标右键，点击报表设计，然后输入信息，如图1.14-7所示。

广联达GBQ4.0计价软件应用及答疑解惑

图 1.14-5

图 1.14-6

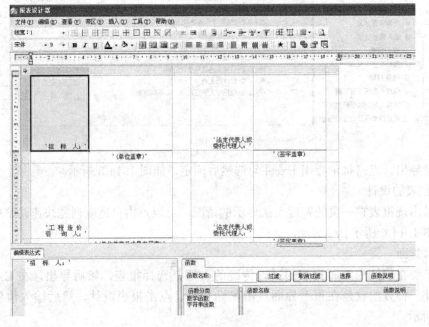

图 1.14-7

1.15　GBQ4.0 软件的管理协作应用

由项目负责人发出指令→造价师的分专业套价→数据合并→完成项目其他工作。

1.16　编制工程量清单并形成招标书

1. 招标方的工作

如图 1.16-1 所示。

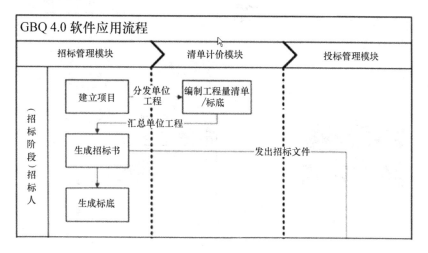

图 1.16-1

2. 编制工程量清单的过程

如图 1.16-2 所示。

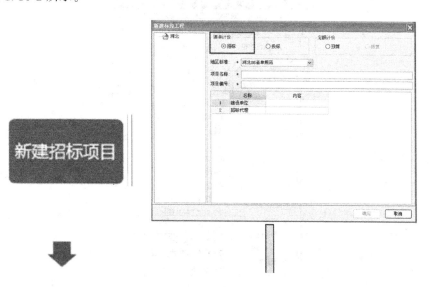

图 1.16-2（一）

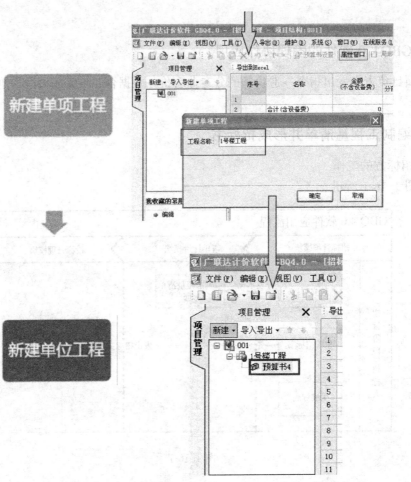

图 1.16-2 （二）

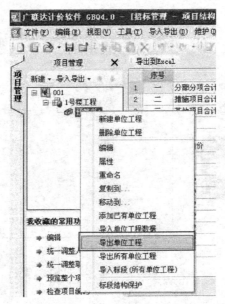

图 1.16-3

3. 导入单位工程

如图 1.16-3 所示。

4. 导出单位工程

如图 1.16-4 所示。

图 1.16-4

5. 招标项目管理

发布招标书

（1）选择项目管理界面导航栏中的【发布招标书】，再选择【生成/预览招标书】，如图 1.16-5 所示。

图 1.16-5

（2）在我收藏的功能里选择【生成招标书】，在弹出的提示窗口里选择【是】，进行招标书自检，如图 1.16-6 所示。

图 1.16-6

（3）检查无误后，软件将弹出生成招标书窗口，在这个窗口里输入版本号，点击【确定】，再在确认窗口里点击【确认】，招标书就生成了。如图 1.16-7 所示。

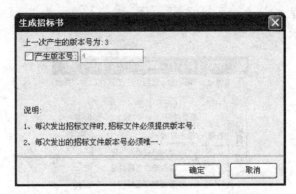

图 1.16-7

（4）应用软件编制工程量清单的组织架构。如图 1.16-8 所示。

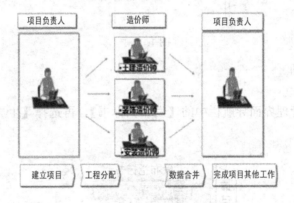

图 1.16-8

广联达 GBQ4.0 计价软件应用及答疑解惑

第 2 章

广联达 GBQ4.0 计价软件技巧提高篇

技巧提高 1：在 GBQ4.0 清单模式下，招标方直接输入清单编码回车后自动跳到子目行，如果要跳到清单行的操作方式。

讲解：点击系统选择系统选项，然后弹出对话框如图 2.1-1 所示，在直接输入选项中，将直接输入清单跳转子目行的勾选去掉。

图 2.1-1

技巧提高 2：广联达 GBQ4.0 计价软件中，工程量表达式不能编辑，如何调整？

讲解：点击标题栏预算书设置弹出预算书属性窗口，然后点击系统选项弹出系统选项对话框，在工程量输入模式中选择自然单位。如图 2.2-1 所示。

图 2.2-1

技巧提高 3：调整清单和定额的工程量精度的操作方法。

讲解：

（1）清单工程量：在预算书设置中进行清单工程量精度调整的设置。

（2）定额工程量：右键鼠标然后出现页面显示列对话框，选择页面显示列然后勾选工程量精度，调出工程量精度的选择列。如图 2.3-1 和图 2.3-2 所示。

图 2.3-1　　　　　　　　　　　　图 2.3-2

在工程量精度列清单行中输入 3 或 2 就可以对应调整工程量列的小数点位数。如图 2.3-3 所示。

	编码	类别	名称	单位	含量	工程量	工程量精度	单
B1	−		部	混凝土				
1	− B1-25 R*1.2,J*1	借换	垫层 商品混凝土 用于基础垫层	10m3		144.526	3	3
	R0000301	人	综合用工三类 砼	工日	8.376	1210.549		
	BB1-002	商砼	商品混凝土	m3	10.1	1459.712		
	CL0275	材	水	m3	0.68	98.27768		
	+ 06059	机	混凝土振捣器	台班	0.888	128.3390		

图 2.3-3

技巧提高 4：清单计价模式下，综合单价包含的是直接费、管理费和利润，如果根据招标方要求将规费、税金、措施项目也要求计取到综合单价中的操作方法。

讲解：

点击单价工程后出现单价构成对话框。如图 2.4-1 所示。

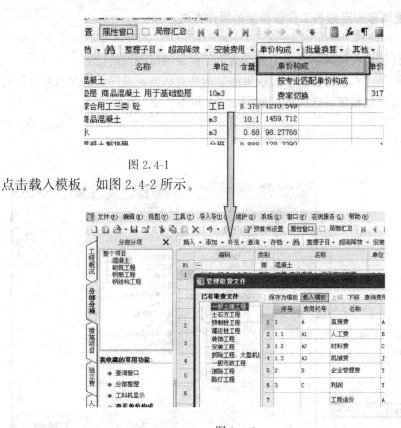

图 2.4-1

点击载入模板。如图 2.4-2 所示。

图 2.4-2

点击完全单价取费模板可以看到 B、C、E、F 四项费率为 0，由于工程不同软件默认为 0 需要根据实际工程进行相应调整。如图 2.4-3 所示。

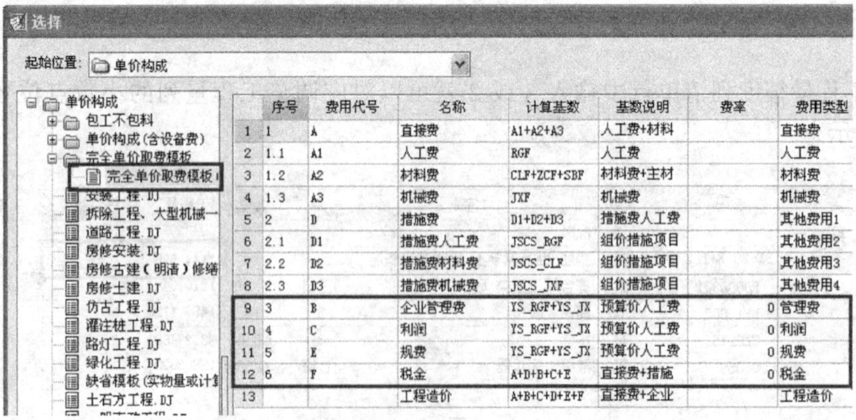

图 2.4-3

点击确定后退出单价构成，进行费率的设置，点击费率切换。如图 2.4-4 所示。选择工程相应的工程类别和纳税地区。如图 2.4-5 所示。

然后载入取费文件，由于措施费、规费、税金都计算在了综合单价中，所以在费用构

图 2.4-4

图 2.4-5

成中不能重复计算。进入费用构成页面，载入后台模板，选择取费文件中的"费用模板（完全单价取费）.FY"。如图 2.4-6 所示。

载入报表

点击载入报表然后选择生成的后缀为 RPT 的完全

📄 **费用模板（完全单价取费）.FY**

图 2.4-6

单价取费文件（单价分析表需要按要求进行重新设计），如图 2.4-7 和图 2.4-8 所示。

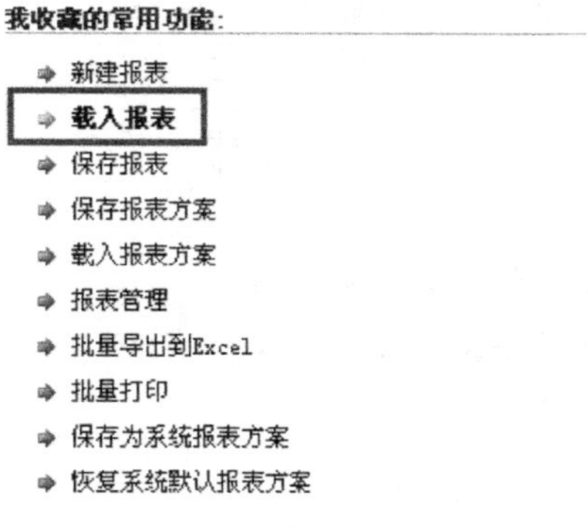

我收藏的常用功能:

➡ 新建报表
➡ **载入报表**
➡ 保存报表
➡ 保存报表方案
➡ 载入报表方案
➡ 报表管理
➡ 批量导出到Excel
➡ 批量打印
➡ 保存为系统报表方案
➡ 恢复系统默认报表方案

📄 表3.0.2-15分部分项工程量清单综合单价分析表(完全单价取费).RPT

图 2.4-7

图 2.4-8

全费用单价注意事项：

（1）措施费是按比例分摊到每个清单项的综合单价中。建议混凝土模板项目可以将模板子目在分部分项的相应清单中列入。

（2）由于计算过程存在差异，完全单价取费前后的工程造价会发生略微变化，不能保证完全一致。

（3）在出报表前务必进入单价构成再点击确定进行一次数据刷新。

技巧提高5：安装工程在定额库中查询超高费、垂直运输费、系统调试费等子目查询不到，如何进行调整？

讲解：

安装工程超高费计取方式有两种：一种是统一计取，一种是逐条计取。

统一计取：点击左侧常用功能栏，然后点击统一计取安装费用，勾选超高费。如图2.5-1所示。

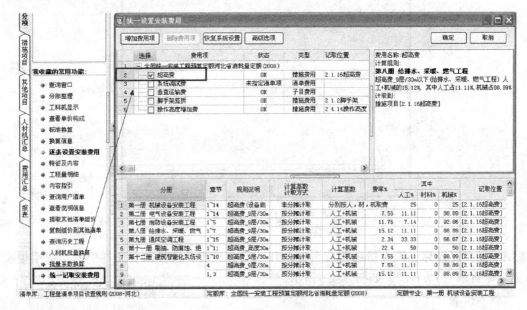

图 2.5-1

逐条计取：选择清单项目后点击安装费用。如图2.5-2和图2.5-3所示。

	编码	类别	名称	项目特征	规格型号	单位	含量
	一		**整个项目**				
1	一 030801001001	项	镀锌钢管			m	
	+ 8-2	定	室外镀锌钢管（螺纹连接）公称直径(mm以内) 20			10m	1

图 2.5-2

	工料机显示	查看单价构成	标准换算	换算信息	安装费用	特征及内容	工程量明细	内容指引	查询用户清单	说明信息	
	按统一设置	费用归属	类别名称	规则名称	计算基数计取方式	计算基数	费率%	人工费%	材料费%	机械费%	记取位置
1	☑	措施费用	超高费	[无]							
2	☑	清单费用	系统调试费	[无]							
3	☑	措施费用	脚手架搭拆	[无]							
4	☑	措施费用	操作高度增	[无]							
5	☑	子目费用	垂直运输费	[无]							

图 2.5-3

或者直接点击逐条设置安装费用，再进行选择。如图 2.5-4 所示。

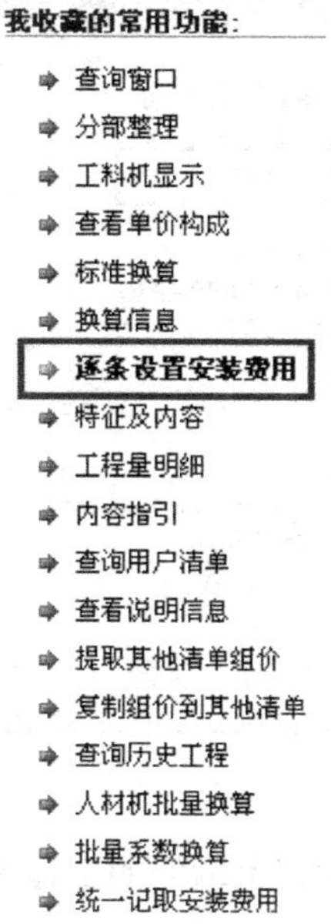

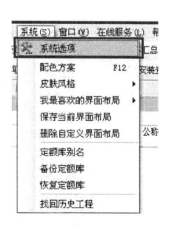

我收藏的常用功能：

→ 查询窗口
→ 分部整理
→ 工料机显示
→ 查看单价构成
→ 标准换算
→ 换算信息
→ **逐条设置安装费用**
→ 特征及内容
→ 工程量明细
→ 内容指引
→ 查询用户清单
→ 查看说明信息
→ 提取其他清单组价
→ 复制组价到其他清单
→ 查询历史工程
→ 人材机批量换算
→ 批量系数换算
→ 统一记取安装费用

图 2.5-4

技巧提高 6：当定额子目乘以系数之后相对应的主材设备也需要乘以系数时怎么办？调整主材为什么不会出现价差？

讲解：

（1）对应乘系数先选择系统点击系统选项。如图 2.6-1 所示。

勾选子目乘系数时主材、设备有效。如图 2.6-2 所示。

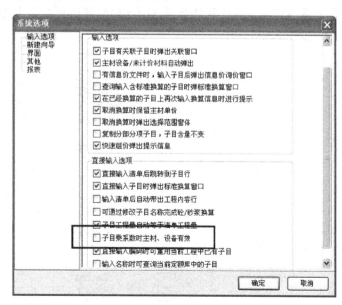

图 2.6-1

图 2.6-2

(2) 点击预算书设置然后点击勾选主材、设备未计价材料计取价差。如图 2.6-3 所示。

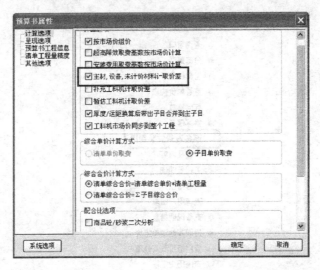

图 2.6-3

技巧提高 7：装饰工程中超高费用和垂直运输费的工程量怎么操作计算？

讲解：

点击超高降效然后选择计取超高降效，然后选择对应清单项的超高费计取的高度。如图 2.7-1 所示。

插入 ▾ 添加 ▾ 补充 ▾ 查询 ▾ 存档 ▾ 🔍 整理子目 超高降效 ▾ 安装费用 ▾ 单价构成 ▾ 批量换算 ▾ 其他 ▾ 展开到 ▾

图 2.7-1

超高费计算后，切换至措施页面，在垂直运输措施项中，根据工程檐高，直接输入各范围的垂直运输子目。软件会根据刚才超高降效所设置的高度自动计算垂直运输子目的工程量。如图 2.7-2 所示。

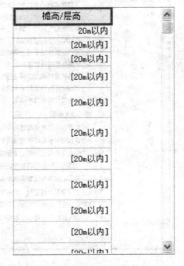

图 2.7-2

技巧提高 8：措施项目中补充一些措施子目后为什么不能插入定额子目？

讲解：

点击措施项目单击右键选择页面显示列设置，将组价方式勾选上。如图 2.8-1 所示。

将补充的措施项目组价方式更改为定额组价。如图 2.8-2 所示。

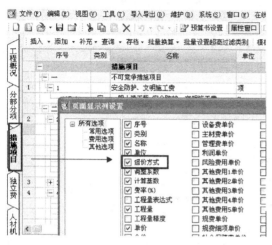

图 2.8-1

图 2.8-2

技巧提高 9：综合单价中为什么不包含设备费用，并且在工程造价中也没有包括这部分设备费用？

讲解：

（1）单位工程的处理

单位工程中录入的设备不计入清单综合单价，并且在工程造价中也不包含设备费。

（2）在项目中列出设备费合计，并且输出相应的报表

在项目中，我们需要建立单项工程，这时会自动统计单项工程下的单位工程中的工程费和设备费，并加以取费。如图 2.9-1 所示。

	序号	名称	金额 （不含设备费）	其中					设备费
				分部分项合计	措施项目合计	其他项目合计	规费	税金	
1	一	预算书3	1698.7	1508.1	0	0	133.47	57.13	0
2									
3		合计（含设备费）	1698.7	1508.1	0	0	133.47	57.13	

图 2.9-1

技巧提高 10：在单位工程中部分主材是甲供材料，如何将甲供材料从税金或者工程造价中扣除该笔费用？

讲解：

选择人材机在供货方式中可以调整完全甲供、部分甲供，如果选择部分甲供要将数量输入后面一列。如图 2.10-1 所示。

在费用汇总里面插入一行，分别输入费用代号、名称、计算基数、费率。如图 2.10-2 所示。

图 2.10-1

序号	费用代号	名称	计算基数	基数说明	费率(%)	金额	费用类别	备注	输出
1	1	A	直接、措施性成本	FBFXHJ+CSXMHJ	分部分项合计+措施项目合计		144,580,697.32	分部分项工程费		☑
2	2	B	规费	GFHJ	规费合计	16.6	655,689.62	规费		☑
3	3	C	造价调整							☑
4	4	D	独立费	DLF	独立费		0.00			☑
5	5	F	甲供材料	JGCLF	甲供材料费		85.94			☑
6	6	E	税金	A+B+C+D-F	直接、措施性成本+规费+造价调整+独立费-甲供材料	3.56	5,170,412.32	税金		☑
7			工程造价	A+B+C+D+E-F	直接、措施性成本+规费+造价调整+独立费+税金-甲供材料		150,406,713.32	工程造价		

图 2.10-2

然后调整计算基数的公式得到扣除甲供材的税金和工程造价。

技巧提高 11：如何正确调整人工费？

讲解：

以河北 2003 定额人工费调整为例，调整方式为以下三种：

（1）人工费价差不参与取费

点击其他下面的人工单价调整。如图 2.11-1 和图 2.11-2 所示。

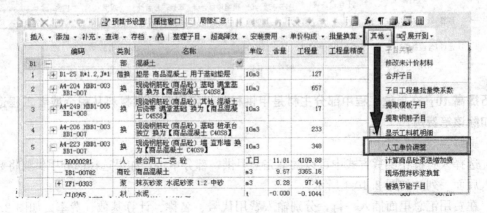

图 2.11-1

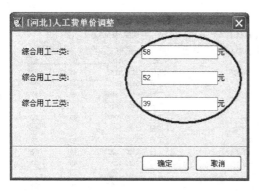

图 2.11-2

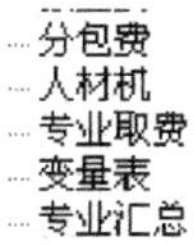

分包费
人材机
专业取费
变量表
专业汇总

图 2.11-3

在费用构成页面的取费表中"造价调整"行添加人工费调整额费用代码。如图 2.11-3 和图 2.11-4 所示。

	序号	费用代号	名称	计算基数	基数说明
1	1	A	直接、措施性成本	FBFXHJ+CSXMHJ	分部分项合计+措施项目合计
2	2	B	规费	GFHJ	规费合计
3	3	C	造价调整	RGFTZE+JSCS_RGFTZE	人工费调整额+组价措施人工费调整额
4	4	D	独立费	DLF	独立费
5	5	F	甲供材料	JGCLF	甲供材料费
6	6	E	税金	A+B+C+D-F	直接、措施性成本+规费+造价调整+独立费-甲供材料
7			工程造价	A+B+C+D+E-F	直接、措施性成本+规费+造价调整+独立费+税金-甲供材料

48	FBRGF	分包人工费	0
49	FBCLF	分包材料费	0
50	FBJXF	分包机械费	0
51	FBSBF	分包设备费	0
52	FBZCF	分包主材费	0
53	FBQTF	分包其他费	0
54	FBGR	分包工日	0
55	JGCLYSJHJ	甲供材料预算价合计	0
56	JGCLSCJHJ	甲供材料市场价合计	0
57	JGCLJCHJ	甲供材料价差合计	0
58	RGFTZE	人工费调整额	0
59	YLRGFTZE	一类人工费调整额	0
60	ELRGFTZE	二类人工费调整额	0
61	SLRGFTZE	三类人工费调整额	0
62	JSCS_RGFTZE	组价措施人工费调整额	0
63	JSCS_YLRGFTZE	组价措施一类人工调整额	0
64	JSCS_ELRGFTZE	组价措施二类人工调整额	0

图 2.11-4

注：上表以河北定额为例，只有河北 03 定额里有，河北 08 定额里没有。

（2）人工费价差参与取费

直接在人材机汇总中点人工表，在人工表中直接输入人工市场价就可以完成。如图

2.11-5 所示。

图 2.11-5

（3）人工费价差部分参与取费，部分不参与取费

结合以上两种方式进行人工费的调整即可完成部分参与取费部分不参与取费在此不再进行繁琐的截图演示。

技巧提高 12：当工程中材料调差后，调差的材料底色不发生变化或者找不到我收藏的常用功能操作方式怎么办？

讲解：把电脑里 C 盘下 "---Documents and Settings---Administrator---Application Data---Grandsoft" 文件删除。

技巧提高 13：如何载入报表？

讲解：载入报表点报表然后向上键 4 次，选择报表中要选取的即可。如图 2.13-1 所示。

图 2.13-1

技巧提高 14：如何利用已保存工程实现快速建立新工程的组价？

讲解：

第一步：选择菜单栏导入导出下拉菜单中选择导入 Excel 文件，将招标方的清单导入，将对应的列和行进行识别。第二步：选择对应的历史工程后，点击导入，检查匹配。

组价内容正确后，点击确定即可实现快速建立工程组价。

注意：当将历史工程的组价内容导入后所有的清单都是锁定状态，解锁后才能正常编辑。

技巧提高 15：进行人材机系数调整的方式有几种？如何操作？

讲解：

第一种：点击标准换算换算相应材料。如图 2.15-1 所示。

工料机显示	查看单价构成	标准换算	换算信息	安装费用	工程量明细	说明信息
换算列表				换算内容		
保温板带凹槽(单价*1.025)				☐		
换商品混凝土 C20				BB1-008　商品混凝土 C45		[...]
换抹灰砂浆 水泥砂浆 1:2 中砂				ZF1-0393　抹灰砂浆 水泥砂浆 1:2 中砂		[...]

图 2.15-1

第二种：单击子目在子目后输入"空格"然后分别用人、材、机的首字母乘以要调整的系统如"R*1.1，C*1.2，J*1.3"。如图 2.15-2 所示。

		编码	类别	名称	单位	含量	工程量
B1	−		部	混凝土			
1		B1-25 R*1.2,J*1	借换	垫层 商品混凝土 用于基础垫层	10m3		144.526
		R00003@1	人	综合用工三类 砼	工日	8.376	1210.549
		BB1-002	商砼	商品混凝土	m3	10.1	1459.712
		CL0275	材	水	m3	0.68	98.27768
	+	06059	机	混凝土振捣器	台班	0.888	128.3390

图 2.15-2

第三种：批量换算，分为人、材、机批量换算和批量系数换算。如图 2.15-3 所示。

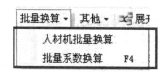

图 2.15-3

（1）批量选择子目后，在工具栏中批量换算下拉菜单中选择人、材、机批量换算进行换算。如图 2.15-4 所示。

（2）直接输入系统进行换算。如图 2.15-5 所示。

图 2.15-4

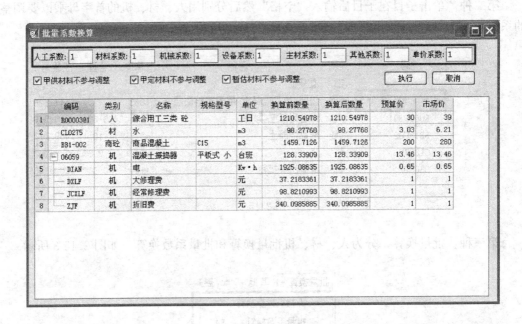

图 2.15-5

第四种：批量选中子目后点击工具栏中的其他按钮选择子目工程量批量乘系数，实现工程量批量换算。如图 2.15-6 和图 2.15-7 所示。

第五种：针对整个工程进行子目或者人材机进行系数换算，在进行换算前要进行工程的备份，以防无法找回原数据。如图 2.15-8 和图 2.15-9 所示。

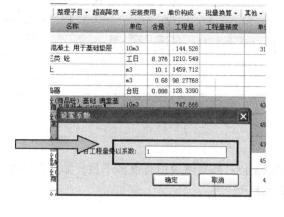

图 2.15-6   图 2.15-7

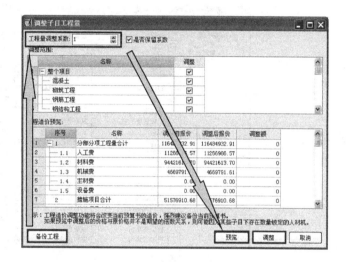

图 2.15-8   图 2.15-9

技巧提高 16：什么情况下可以取消换算，如何取消换算过的信息？

讲解：

（1）标准换算信息

（2）子目直接乘系数换算

（3）批量换算

（4）工料机显示中进行的换算

上述 4 种情况可以通过点击删除换算信息中记录的内容进行取消换算。如图 2.16-1 所示。

（5）子目工程量批量乘系数

（6）工具按钮下的三种换算方式

上述 5、6 两种情况的换算是无法取消的，所以这两种情况要在换算前将工程先进行备份。

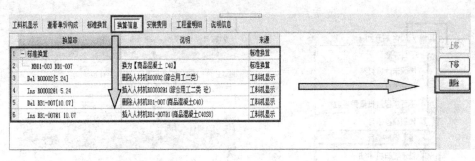

图 2.16-1

技巧提高 17：如果清单中有很多子目，如果要清晰地看出哪些子目被换算过，如何对子目进行标记？

讲解：

在页面上单击右键选择"页面显示列"将"标记"项勾选上。如图 2.17-1 和图 2.17-2 所示。

图 2.17-1

图 2.17-2

技巧提高 18：根据清单计价规则的要求，如何快速详细地描述主材名称？

讲解：

点击鼠标右键选择，如图 2.18-1 所示。

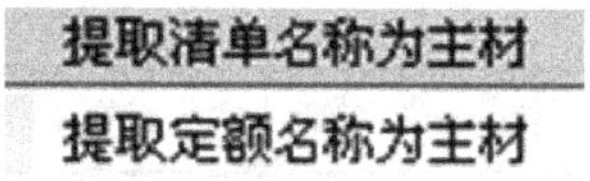

提取清单名称为主材

提取定额名称为主材

图 2.18-1

技巧提高 19：如果想要改变某种材料的单价或者工程量如何定位到相应子目？

讲解：

在人材机选项中，点击显示对应子目，如图 2.19-1 和图 2.19-2 所示。

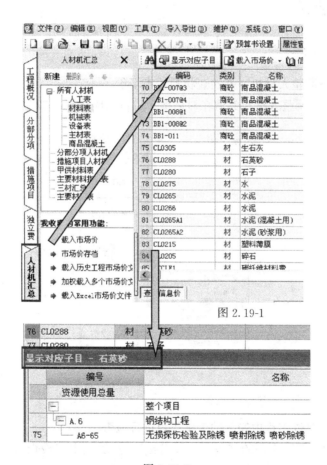

图 2.19-1

图 2.19-2

技巧提高 20：在进行招投标时如何响应招投标清单进行清单的快速精确检查？

讲解：

在单位工程我收藏的常用功能中的"检查项目编码"可以统一检查项目编码，如图 2.20-1 所示。

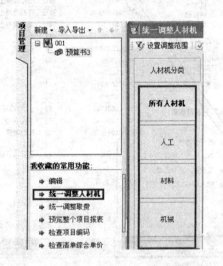

图 2.20-1

技巧提高 21：统一调整人材机，并检查材料的市场价。

讲解：点击统一调整人材机然后在对话框中进行相应选择。如图 2.21-1 所示。

图 2.21-1

技巧提高 22：针对单位工程中输入的清单子目进行检查。

讲解：点击"工具"下面的"单位工程自检"，然后点击"检查"，再点击生成报告。如图 2.22-1 所示。

技巧提高 23：快速调整单位工程的管理费、利润。

点击"统一调整取费"，然后点击"预览"并点击"调整"。如图 2.23-1 所示。

技巧提高 24：快速调整报表并打印。

讲解：

在表格目录上右键后选择当"前单位工程报表应用到…"完成快速报表的调整功能后

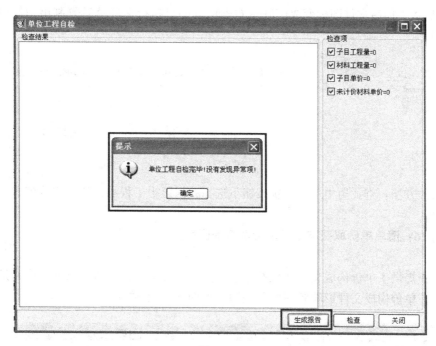

图 2.22-1

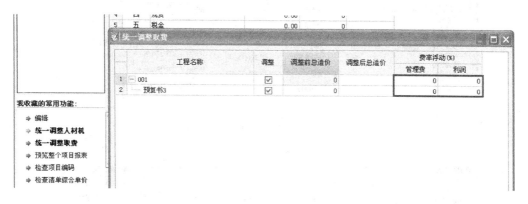

图 2.23-1

打印完成。如图 2.24-1 所示。

图 2.24-1

技巧提高 25：非正常情况下未保存就关机的情况如何找回工程文件？

讲解：

第一种方法：在我的文档—Gandsoft Projects—GBQ4—Bak 中将备份的工程重命名，

将.bak后缀去掉后文件图标变成广联达GBQ4.0的可执行文件然后复制出即使用。如图2.25-1所示。

图 2.25-1

第二种方法：查找历史工程系统按钮下选择找回历史工程的按钮，将找到的工程右键点击保存。

技巧提高26：清单单价取费与子目单价取费的区别。

讲解：

软件中提供了单价构成文件和取费专业，点击预算书属性设置，软件默认的是按清单单价取费，单价构成文件影响管理费和利润，如图2.26-1和图2.26-2所示。

	序号	费用代号	名称	计算基数	基数说明	费率(%)	费用类别
1	1	A	直接费	A1+A2+A3	人工费+材料费+机械费		直接费
2	1.1	A1	人工费	RGF	人工费		人工费
3	1.2	A2	材料费	CLF+ZCF	材料费+主材费		材料费
4	1.3	A3	机械费	JXF	机械费		机械费
5	2	B	企业管理费	YS_RGF+YS_JXF	预算价人工费+预算价机械费	4	管理费
6	3	C	利润	YS_RGF+YS_JXF	预算价人工费+预算价机械费	3	利润
7			工程造价	A+B+C	直接费+企业管理费+利润		工程造价

图 2.26-1

	序号	费用代号	名称	计算基数	基数说明	费率(%)	费用类别
1	1	A	直接费	A1+A2+A3	人工费+材料费+机械费		直接费
2	1.1	A1	人工费	RGF	人工费		人工费
3	1.2	A2	材料费	CLF+ZCF	材料费+主材费		材料费
4	1.3	A3	机械费	JXF	机械费		机械费
5	2	B	企业管理费	YS_RGF+YS_JXF	预算价人工费+预算价机械费	17	管理费
6	3	C	利润	YS_RGF+YS_JXF	预算价人工费+预算价机械费	8	利润
7			工程造价	A+B+C	直接费+企业管理费+利润		工程造价

图 2.26-2

技巧提高27：建筑工程超高费用的计取。

讲解：

建筑高度＞20米或层数＞6层

工程中要计取建筑工程超高费用就要计取建筑工程垂直运输费用，此两笔费用是关联的，08清单没有建筑工程超高费用的清单项目，首先要补充建筑工程超高费用清单，如

图 2.27-1 所示。

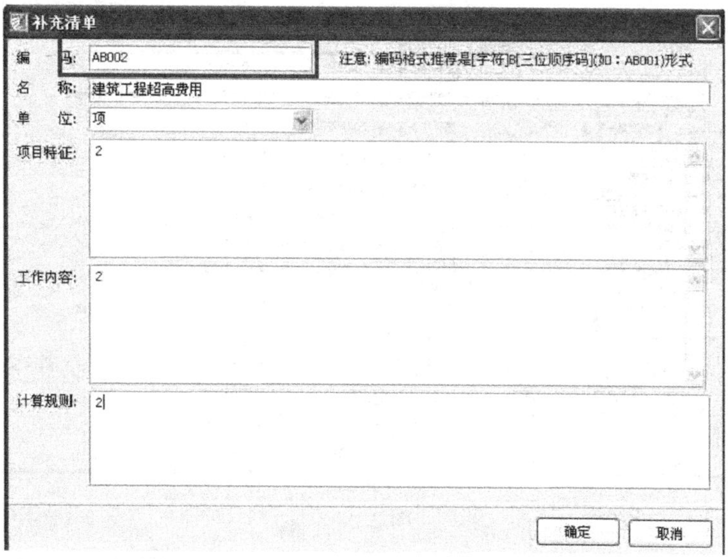

图 2.27-1

确定后点击查询定额，如图 2.27-2 所示。

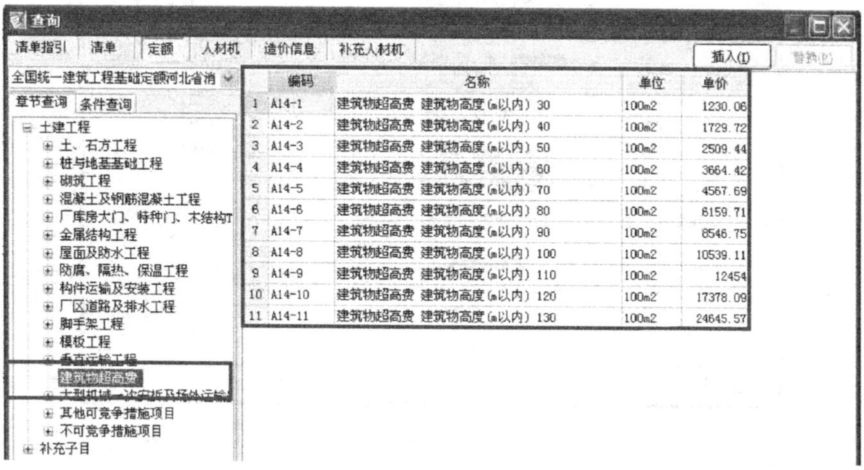

图 2.27-2

选择相应的建筑超高费对应的高度，然后点击措施项目找到垂直运输机械行，查询相应的措施定额，如图 2.27-3 所示。

技巧提高 28：装饰工程超高费用的计取。

讲解：

软件默认只有装饰工程计算超高降效费，点击调整整个项目的檐高/层高，如图 2.28-1 所示。

点击高级选项选择计取位置（第一条和第三条常用），如图 2.28-2 所示。

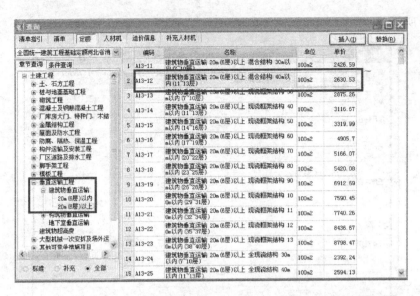

图 2.27-3

图 2.28-1

然后同样套取垂直运输子目计取垂直运输费用。

技巧提高 29：安装专业的技巧操作。

讲解：

超高增加费

系统调整费

有害增加费

安装与生产同时增加的费用

脚手架搭拆

操作高度增加费

广联达GBQ4.0计价软件应用及答疑解惑

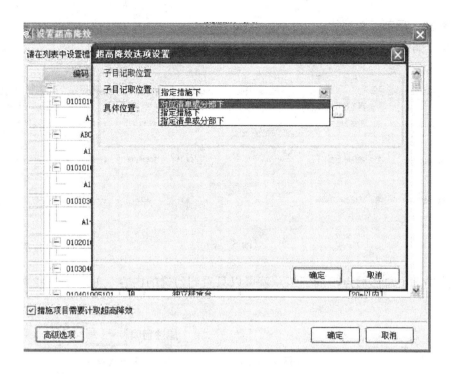

图 2.28-2

其他费用

如图 2.29-1 所示。

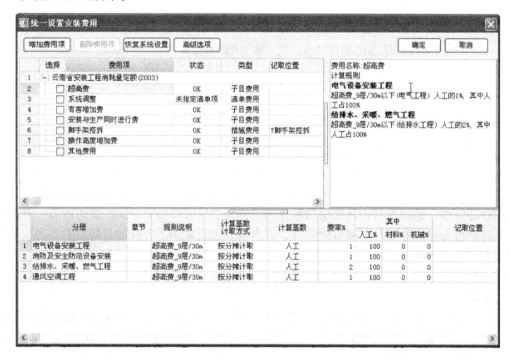

图 2.29-1

技巧提高 30：局部汇总功能。

讲解：如图 2.30-1 所示。

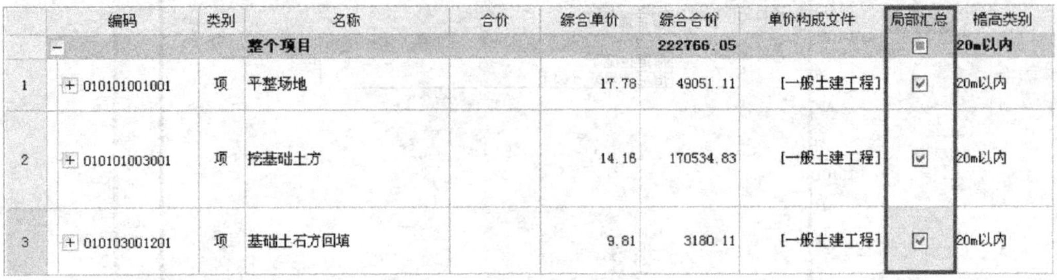

	编码	类别	名称	合价	综合单价	综合合价	单价构成文件	局部汇总	檐高类别
	−		整个项目			222766.05		☐	20m以内
1	+ 010101001001	项	平整场地		17.78	49051.11	[一般土建工程]	☑	20m以内
2	+ 010101003001	项	挖基础土方		14.16	170534.83	[一般土建工程]	☑	20m以内
3	+ 010103001201	项	基础土石方回填		9.81	3180.11	[一般土建工程]	☑	20m以内

图 2.30-1

勾选局部汇总然后点击局部汇总就可以只看到勾选的内容，如图 2.30-2 所示。

	编码	类别	名称
	−		整个项目
1	+ 010101001001	项	平整场地
2	+ 010101003001	项	挖基础土方
3	+ 010103001201	项	基础土石方回填

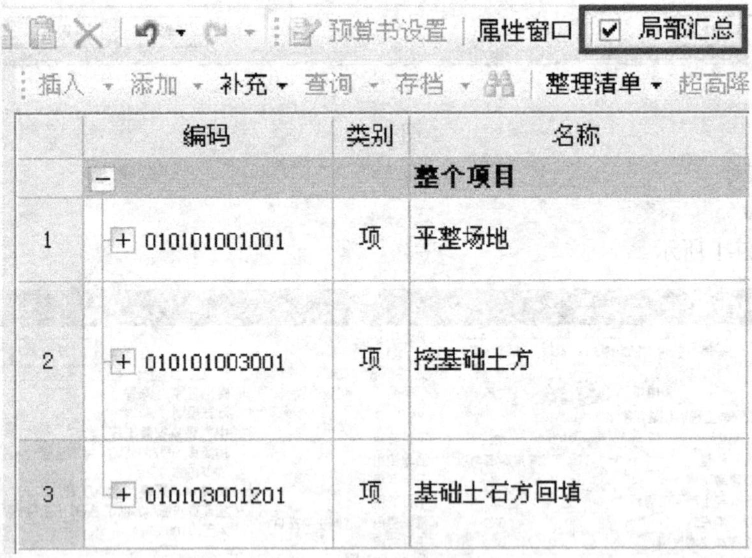

图 2.30-2

分部分项、措施项目、其他项目都分别设置完成后可以查看局部汇总的内容，点击费用汇总就可见只统计了勾选项目的总价，点击报表也只显示了勾选项目的报表，为我们提供了方便的过滤功能。

技巧提高 31：未计价主材如何将主材价格计取到综合单价中？

讲解：

点击屏幕右侧的查看单价构成→在计算基数列查看公式的组成→在直接费的计算列 A1＋A2＋A3 根据需要调整公式→插入行→在计算基数列选择子目代码 ZCF，如图 2.31-1～图 2.31-4 所示。

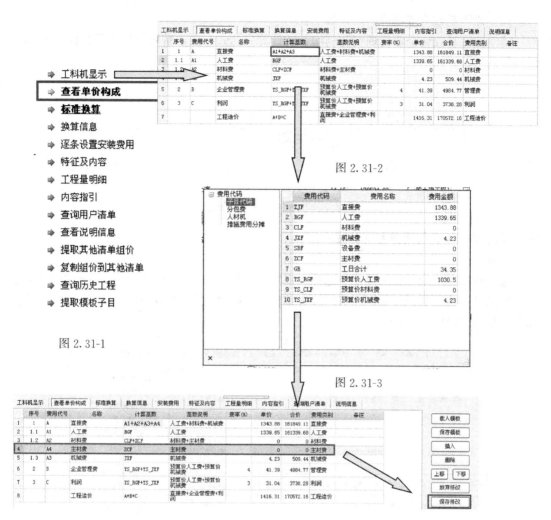

图 2.31-2

图 2.31-3

→ 工料机显示

→ **查看单价构成**

→ **标准换算**

→ 换算信息

→ 逐条设置安装费用

→ 特征及内容

→ 工程量明细

→ 内容指引

→ 查询用户清单

→ 查看说明信息

→ 提取其他清单组价

→ 复制组价到其他清单

→ 查询历史工程

→ 提取模板子目

图 2.31-1

图 2.31-4

通过上述方法可以清晰地查询安装工程以及其他目标工程的单价组成。

技巧提高 32：针对控制综合单价的管理费和利润的取费基数调整问题在软件中的处理。

管理费和利润软件默认按预算价来作为计算基数，如图 2.32-1 所示。

	序号	费用代号	名称	计算基数	基数说明	费率(%)	单价	合价	费用类别
1	1	A	直接费	A1+A2+A3	人工费+材料费+机械费		1343.88	161849.11	直接费
2	1.1	A1	人工费	RGF	人工费		1339.65	161339.68	人工费
3	1.2	A2	材料费	CLF+ZCF	材料费+主材费		0	0	材料费
4	1.3	A3	机械费	JXF	机械费		4.23	509.44	机械费
5	2	B	企业管理费	YS_RGF+YS_JXF	预算价人工费+预算价机械费	4	41.39	4984.77	管理费
6	3	C	利润	YS_RGF+YS_JXF	预算价人工费+预算价机械费	3	31.04	3738.28	利润
7			工程造价	A+B+C	直接费+企业管理费+利润		1416.31	170572.16	工程造价

图 2.32-1

调整计算基数为市场价的操作如下：

清空计算基数列企业管理费和利润行的计算表达式→点击费用代码下子目代码→选择市场价人工费。如图 2.32-2 所示。

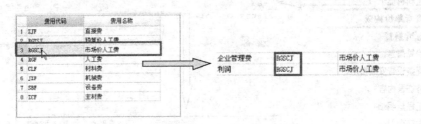

图 2.32-2

技巧提高 33：一口价清单怎样处理？

讲解：

选中目标清单行→点击其他→选择"强制修改综合单价"→输入"调整综合单价"→选择分摊位置→选择是否"允许在清单综合单价列直接修改"→点击确定→查看清单行变化，如图 2.33-1 和图 2.33-2 所示。

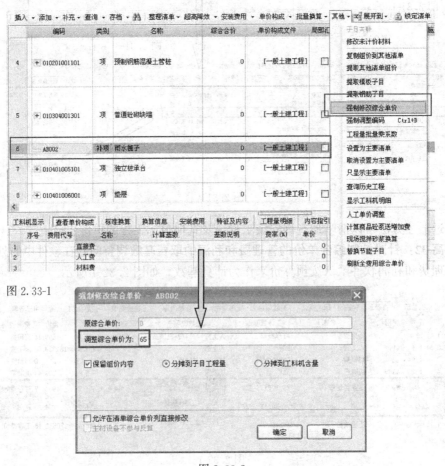

图 2.33-1

图 2.33-2

广联达 GBQ4.0 计价软件应用及答疑解惑

技巧提高 34：自定义分部工程。

说明：由于根据实际工程的需要常常会将分部进行整理分类，装修工程可以按功能分类如卫生间、厨房，也可以按分项工程如土方工程、结构工程、初装修工程等。

讲解：

具体操作方法：点击鼠标右键→选择插入分部/子分部/清单项→输入名称，如图 2.34-1 和图 2.34-2 所示。

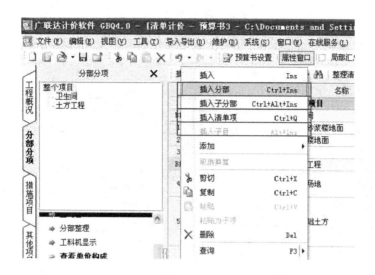

图 2.34-1

	编码	类别	名称	项目特征
	−		整个项目	
B1	− 1	部	卫生间	
1	+ 020101001003	项	水泥砂浆楼地面	
2	+ 020102001001	项	石材楼地面	
3		项		
B1	− 2	部	土方工程	
4	+ 010101001001	项	平整场地	1.土壤类别：三类土 2.弃土运距：按工程实际情况
5	+ 010101003001	项	挖基础土方	1.土壤类别：三类土 2.基础类型：筏板基础、桩承台 3.垫层底宽、底面积：按设计 4.挖土深度：4M内
6	+ 010103001201	项	基础土石方回填	1.土质要求：按设计要求 2.密实度要求：按设计要求 3.夯填

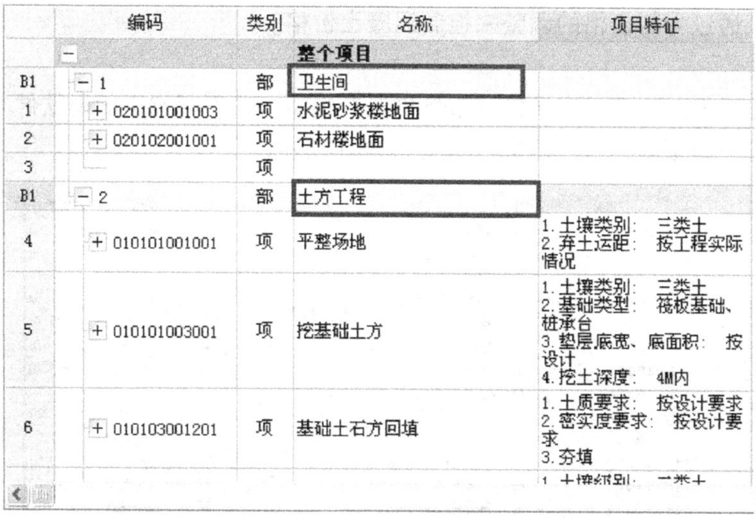

图 2.34-2

技巧提高 35：导入甲方提供的电子清单。

讲解：

点击导入导出→选择导入 Excel 文件选择路径→选择 Excel 标签→列识别相应项目→确定导入→关闭→解锁清单，如图 2.35-1 和图 2.35-2 所示。

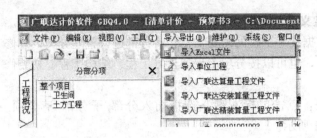

图 2.35-1

图 2.35-2

技巧提高 36：在实际工程中通过调整柴油的价格来控制机械台班的价格，在一些有配合比的材料中，通过骨料价格的调整来控制混凝土价格。

讲解：

点击人才机汇总→选择市场价→市场价在老版本（或不同省市的视软件本身而定）中默认不可调整→新版本中可以调整，如图 2.36-1 所示。

	编码	类别	名称	规格型号	单位	数量	预算价	市场价	市场价合计
1	R00002	人	综合用工二类		工日	964.3282	40	52	50145.07
2	R00003	人	综合用工三类		工日	5407.7942	30	39	210903.97
3	CL0026	材	中砂		t	16.8117	25.16	25.16	422.98
4	CL0070	材	预制钢筋混凝土方桩		m	16287.26	0	0	0
5	CL0205	材	碎石		t	33.9397	33.78	33.78	1146.48
6	CL0215	材	塑料薄膜		m2	155.6624	0.6	0.6	93.4
7	CL0265	材	水泥	32.5	t	0.0001	220	220	0.02
8	CL0265A1	材	水泥(混凝土用)	32.5	t	8.075	220	220	1776.5
9	CL0265A2	材	水泥(砂浆用)	32.5	t	0.0717	220	220	15.77
10	CL0275	材	水		m3	35.1825	3.03	3.03	106.6
11	CL0536	材	金属周转材料摊销		kg	241.89	9.86	9.86	2385.04
12	CL0726	材	二等方木		m3	3.2252	2174.37	2174.37	7012.78
13	QTCLF	材	其他材料费		元	2241.514	1	1	2241.51
14	ZF1-0029	砼	现浇混凝土 中砂碎石		m3	24.846	135.02	135.02	3354.71
15	ZF1-0393	浆	抹灰砂浆 水泥砂浆 1:2		m3	0.1302	158.76	158.76	20.67
16	01068	机	卷扬机	电动 卷扬力≥	台班	21.8782	23.5	23.5	509.44

工程概况
分部分项
措施项目
其他项目
人材机汇总

新建 删除
所有人材机
人工表
材料表
机械表
设备表
主材表
商品混凝土
分部分项人材机
措施项目人材机
甲供材料表
主要材料指标表
甲方评标主要材料表
主要材料表
暂估材料表

表收森的常用功能：
载入市场价
市场价存档
载入历史工程市场价
加权载入多个市场价
载入Excel市场价文件

查询信息价

市场价默认不可调整

图 2.36-1

广联达GBQ4.0 计价软件应用及答疑解惑

第 3 章

广联达 GBQ4.0 计价软件实战篇

3.1 公共部分

1. 群体工程这类工程有个特点，每栋楼相似度很高，有些几乎一模一样，对于这样的工程我们采用的组价方式通常是一样的，先做好一栋楼，再做其他楼的时候有没有更快的方法？

软件处理方法：

（1）导入 Excel 时可以选择历史工程进行匹配。

（2）在分部分项界面可以使用"查询历史工程"，使用以前的工程组价。

2. 装修的屋面、墙面，在一个工程中会多次出现相似清单，组价内容也相似，对于这种情况，每个清单项查找进行复制粘贴很麻烦，如何能快速完成组价？

软件处理方法：

使用"复制组价到其他清单"以及"提取其他清单组价"可以迅速地找到想要的清单项目，准确定位，一键完成类似的清单组价。

3. 装修工程中墙面、地面砂浆及厚度和定额不同，都需要进行换算，工程中如果按照分楼层、分房间进行工程量汇总，同一个子目会在工程中出现多次，换算相同，如何快速进行调整？

软件处理方法：

软件中可以自动记忆换算内容，输入相同子目时，选择换算后的子目直接使用。

有了这个功能，我们可以完全的利用前面做过的换算信息，快速地完成子目换算，保证整个组价工作的高效性。

4. 完成组价工作以后，对工程进行检查，查看是否所有的清单都有组价，工程量、单价是否有未填写情况，每个子目和材料检查十分麻烦，如何处理？

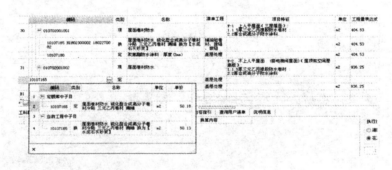

图 3.1-1

软件处理方法：

使用"单位工程自检"，快速检查、自动定位方便修改。如图 3.1-1 所示。

5. 在项目工程中一般采用的方式是分工合作，最后调整材料单价时，要求同一个项目中，相同材料单价保持一致，多人调整容易出错，如何避免？

软件处理方法：

项目中"统一调整人材机"的功能处理。

6. 投标调价时，一般会对管理费和利润进行费率调整，如何快速地对一个项目工程中的多个单位工程进行调整？

软件处理方法：

在项目中使用"统一调整取费"。

7. 招标文件中，评标办法明确说明，相同清单报价必须保持一致，一个项目中有多个单位工程，如何保证报价一致？

软件处理方法：

使用项目中"检查综合单价"自动检查，可以定位错误清单方便修改。

8. 组好价后，总报价不理想，如何快速调整？

相关文件规范：《建设工程工程量清单计价规范》GB 50500—2008

实行工程量清单招标，投标人的投标总价应当与工程量清单的分部分项工程费、措施项目费、其他项目费和规费、税金的合计金额相一致，即投标人在进行工程量清单招标的投标报价时，不能进行投标总价优惠（或降价、让利），投标人对投标价的任何优惠（或降价、让利）均应反映在相应单项目的综合单价中。

软件处理方法：调整工程目标造价。

9. 在施工过程中，外墙面的装修发生变化，蘑菇石面层修改成普通面砖，如何快速把所有单位工程中的报价子目进行修改？

软件处理方法：

使用"统一替换子目"过滤子目进行统一替换。

10. 投标时暂列金额是否应该列入清单中？还是应该在汇总表中单独列一项？如招标文件给出暂列金额50万元，若列入清单中就会计取相关的费用，如规费、税金等，如何处理？

暂列金额是招标人在工程量清单中暂定并包括在合同价款中的一笔款项。用于施工合同签订时尚未确定或者不可预见的所需材料、设备、服务的采购，施工中可能发生的工程量变更、合同约定调整因素出现时的工程价款调整以及发生的索赔、现场签证等费用。

软件处理方法：输入相关费用，自动处理。

11. 投标过程中分部分项清单部分按招标方暂估材料进行过报价，而其他项目清单中又有暂估价，这两处费用是否重复计算？

暂估价是招标人在工程量清单中提供的用于支付必然发生但暂时不能确定价格的材料的单价以及专业工程的金额。

材料暂估价：甲方列出暂估的材料单价及使用范围，乙方按照此价格来进行组价，并计入到相应清单的综合单价中；其他项目合计中不包含，只是列项。

专业工程暂估价：按项列支，如塑钢门窗、玻璃幕墙、防水等，价格中包含除规费、税金外的所有费用。

软件处理方法：自动处理。如图3.1-2所示。

12. 工程量变更如何处理？

相关文件规范：工程量清单计价—工程价款调整

4.7.5 在合同履行过程中，因非承包人引起的工程量增减与招标文件中提供的工程量可能有偏差，该偏差对于工程量清单项目的综合单价将产生影响，是否调整综合单价以及

第3章 广联达GBQ4.0计价软件实战篇

序号	名称	计算基数	费率(%)	金额	费用类别	不可竞争费	不计入合价
1	—	其他项目			0		
2	1	暂列金额	暂列金额		0 暂列金额	☐	☐
3	2	暂估价	专业工程暂估价		0 暂估价	☐	☐
4	2.1	材料暂估价	ZGJCLXJ		228978.58 材料暂估价	☐	☑
5	2.2	专业工程暂估价	专业工程暂估价		0 专业工程暂估价	☐	☑
6	3	计日工	计日工		0 计日工	☐	☐
7	4	总承包服务费	总承包服务费		0 总承包服务费	☐	☐

图 3.1-2

如何调整应在合同中约定。若合同未作约定，按以下原则办理：

（1）当工程量清单项目工程量的变化幅度在 10% 以内时，其综合单价不作调整，执行原有综合单价。

（2）当工程量清单项目工程量的变化幅度在 10% 以外，且其影响分部分项工程费超过 0.1% 时，其综合单价以及对应的措施费（如有）均应作调整。调整的方法是由承包人对增加的工程量或减少后剩余的工程量提出新的综合单价和措施项目费，经发包人确认后调整。

（不超过 10% 的部分按原有综合单价，超过 10% 部分重新组价）

软件处理方法：

锁定综合单价（保持原有综合单价不变）。如图 3.1-3 所示。

类别	名称	锁定综合单价	单位	工程量
	整个项目	☐		
部	地上建筑工程	☐		
部	砌筑工程	☐		
项		☐		1
项	空心砖墙、砌块墙 1.墙体类型：　外墙 2.墙体厚度：　200 3.砌块品种：　加气砼砌块	☑	m3	980.16
定	蒸压加气混凝土砌块墙		10m3	98.01596
降	建筑物超高降效　檐高(层数)以 内 80m (23~25)		元	1
项	空心砖墙、砌块墙 1.墙体类型：　内墙 2.墙体厚度：　150 3.砌块品种：　加气砼砌块	☑	m3	705.84
定	蒸压加气混凝土砌块墙		10m3	80.7051
降	建筑物超高降效　檐高(层数)以 内 80m (23~25)		元	
	空心砖墙、砌块墙			

图 3.1-3

3.2 计价实战篇—北京

◆清单文件解析：

◆建设部标准定额研究所关于《建设工程工程量清单计价规范》有关问题解释答疑

1. 在工程量清单中，3.4.2 "为了准确的计价，零星工作项目表中应详细列出人工、材料、机械名称和相应数量"，这怎么实现？

答：招标人视工程情况在零星工作项目计价表中列出有关内容，并标明暂定数量，这是招标人对未来可能发生的工程量清单项目以外的零星工作项目的预测。投标人根据表中内容响应报价，这里的"单价"是综合单价的概念，应考虑管理费、利润、风险等；招标人没有列出，而实际工作中出现了工程量清单项目以外的零星工作项目，可按合同规定或按规范 4.0.9 条工程量变更进行调整。

2. 高层建筑增加费应划归分部分项工程量清单，还是措施项目清单？

答：应在分部分项工程量清单报价中考虑。

3. 由于工程量将来要按实际核定。在制订工程量清单时，可否使用一个暂估量，以节省发包方的人力投入？

答：如果该工程只有初步设计图纸，而没有施工图纸，可按暂估量计算，若有施工图纸则必须计算其工程量，结算时可因工程增减作增减量调整。招标人应尽可能准确提供工程量，如果招标人所提供工程量与实际工程量误差较大，投标人可以提出索赔或策略报价。

4. 为便于将来设计变更不会因为投标书中无单价而使承发包双方发生不必要的纠纷，可否采用多做法共存的工程量清单？如，某工程楼地面 7000m² 工程量。在工程设计中为水泥砂浆楼地面，在工程量清单中分别列出水泥砂浆楼地面、水磨石楼地面、地板砖楼地面、大理石楼地面，等等，其各自工程量均为 7000m²（或暂定一个数量）？

答：不可以。只能根据施工图纸及施工方案进行编制工程量清单，若发生工程变更工程量增减，按合同的约定竣工时按实核量结算。

5. 甲方购买的材料、设备在招投标阶段如果无法确定需要多少钱，能否不用列入报价？

答：设备费在项目设备购置费列项，不属建安工程费范围，因此，清单报价中不考虑此项费用。材料费必须列入综合单价，如果在招投标阶段无法准确定价，应按暂估价。

6. 工程量清单计价可以理解为固定单价，而不固定总价法。请问合同价如何定？若投标人已知工程量计算错误、漏项或设计变更，如何调整？

答：工程量清单计价是一种计价方法，固定价、可调价、成本加酬金是签订合同价的方式，这是两个范畴的概念。按工程量清单计价可以采用固定价、可调价、成本加酬金中的任何一种方式签订合同价。

7. 若甲方提供的工程量清单漏项，且招标要求包干价，乙方报价是否应补充？若没补充，甲方是否会认为该漏项费用已计入其他项目？

答：应按招标文件要求包干的范围来定。

（1）如果包干范围仅就甲方提供的工程量清单而言，出现漏项属于甲方提供的工程量清单漏项，应由甲方负责并补充计入相应费用。

（2）如果包干范围是指完成该项目，出现漏项乙方应及时提出，并与甲方协商计入相应费用。

8. 混凝土桩工程内容中的成孔与土石方工程中第五条所说的人工挖孔桩是不是一回事，二者有没有矛盾？

答：以不重列为原则。如将人工挖孔列入"混凝土灌注桩"项目内，则不再列"挖基础土方"。如属两个结算单位施工，也可以分列。

9. 措施项目清单是工程中的非实体性项目，是为完成分部分项工程所采取的措施。而在附录 A.2 中又有旋喷桩、锚杆支护等项目出现，是否应将建筑工程中所有起护坡作用的桩、地基与边坡处理列入措施项目清单中；所有起承重作用的桩、地下连续墙列入分部分项清单中？

答：构成建筑物或构筑物实体的，必然在设计中有具体设计内容。如：坡地建筑采用的抗滑桩、挡土墙、土钉支护、锚杆支护等，属于施工中采取的技术措施，在设计文件中无具体设计内容，招标人在分部分项工程量清单中不列项（也无法列项），而是由投标人作出施工组织设计或施工方案，反映在投标人报价的措施项目费内。如：深基础土石方开挖，设计文件中可能提示要采用支护结构，但到底用什么支护结构，是打预制混凝土桩、钢板桩、人工挖孔桩，还是地下连续墙，是否作水平支撑等，由投标人作具体的施工方案来确定，其报价反映在措施项目费内。

10. 钢筋工程计算中，马凳是否含在清单工程量中？

答：《计价规范》附录 A.4.18 第 19 条：现浇构件中固定位置的支撑钢筋、双层钢筋用的"铁马"、伸出构件的锚固钢筋、预制构件的吊钩等，应并入钢筋工程量内。

11. 工程量清单要求与合同配套，明确合同的计价方式，才能做出投标决策。但现在业主的实际做法是在招标文件内只列合同范本，具体条款再在中标后由业主与中标人签订，这样的话，投标人的风险明显大于业主，而这种违反招标法的招标文件随处可见，如何处理？

答：招标文件照搬合同范本是不完善的。应将合同范本中的专用条款具体化列入招标文件。建设部《房屋建筑和市政基础设施工程施工招标文件范本》也是要求把具体条款（即专用条款）列入招标文件。

12. 招投标过程中，有时是假定的工程量，有些问题留待结算中解决，现在实行工程量清单计价，那么对工程量的准确性应如何规范？

答：工程量清单应由有编制招标文件能力的招标人，或受其委托具有相应资质的中介机构依据《计价规范》第三章工程量清单编制的规定编制，工程数量应按 3.2.6 条规定计算。工程量计算有误应按《计价规范》4.0.9 条规定执行。

13. 附录 A 中墙、地面防水、防潮有单独的清单编码。而附录 B 中的整体面层和块料面层的工程内容中均包含防水层铺设，作为墙、地面防水、防潮是应该按附录 A 单独列项，还是应包含在附录 B 的综合单价中？

答：在《计价规范》附录 A 中防水、防潮工程是同墙、地面工程同时发包的，而《计价规范》附录 B 中是单独发包的防水、防潮工程。

14. 绿化系数是如何具体确定的？

答：绿化系数＝绿化面积/用地面积×100%。

◆定额解析：

1. 定额中的费率最低可降低多少？（除税金外）

答：按京建经〔2002〕117 号文件规定，指导费计算按保证上缴国家规定的各项社会保障基金等基础上，可上下浮动。

2. 按 2001 定额，按市场价调整的人工费、材料费是否可以参加取费？

答：按市场价调整的人工费、材料费是直接费；直接费当然是参与取费的。2001 定额不存在价差问题，所以按市场价计算的工料机可以取费。

3. 甲供材料是否取费问题，一种意见认为参与取费，在材料调价中给予扣除，一种意见认为不参与取费，看实际情况给一些运输费、材保费，有具体规定吗？

答：甲供材料参与取费，也构成工程造价的一部分。根据京建经［2002］117 号规定发包方采购供应的材料、设备并运到承包方指定地点，承包方按实际发生的材料预算价格的 99％ 退还发包方材料、设备款。此规定北京市建委 2002 年 3 月 5 日下发。

4. 工程水电费是工程上用的工程水电费应该按分部分项综合单价计入无可非议，只是目前所提（包括定额所综合的）工程水电费除工程上用的工程水电费外还包含了临时用水电的费用和生活用的水电费，如何处理？

答：临时用水电的费用和生活用的水电费应按措施费项目计入。

5. 土方工程定额解释：

（1）只要是机挖土方，则必有定额 1-1 人工场地平整和 1-57 人工打钎拍底；对于人工挖土，因其单价中已含打钎费用，则不必执行 1-57。

（2）定额中 1-7 回填土主要指基槽回填，而 1-14 主要指房心回填。

（3）室外台阶原土打夯执行 1-16 地坪原土打夯定额。

（4）机挖土方中定额 1-17～1-20，只计挖土工作量不计运土费用，而定额 1-23～1-34 则包括挖土和运土费用。

（5）一般情况下，在进行沟槽和基坑挖土时，执行槽深 5m 以内机挖土方定额，即 1-23～1-26。

（6）1-15 余亏土运输只出现在人工挖土时。

（7）对于出现的回填土方量，如 1-7、1-14 全部土方量，还有 1-13 灰土垫层中所需土方量的 90％，其买土的费用一般需要进行市场认价，而其运土的费用要执行 1-21 和 1-22。

在现场操作时，土方工程一般都由甲方指定分包，所以在执行时只需一次性单方认价，而后的全部工作都由土方分包来操作。

6. 场平 1-1 和 1-55 如何使用？

答：1-1 场平适用于建筑物、构筑物工程，1-55 适用于操场、停车场、露天堆放场的场地平整工程。

7. 88J1-X1 楼 8F2 第 8 条是否要套子目？套何子目？

答：楼地面找坡层执行楼地面中找平层子目，所以应套用装饰工程 1-21、1-22 细石混凝土找平层。

8. 2001 定额 1-68、1-69 波打线指什么做法？1-70、1-71、1-72 子目，石材底面刷养护液、石材正面刷保护液是否指标准图集上的"正、背面防污剂"？

答：波打线一般为块料楼（地）面沿墙边四周所做的装饰线，宽度不等。其基层做法一般与楼（地）面做法一致，只是与楼（地）面面层采用的材料或颜色不同。形象地讲就相当于墙面的踢角线，只不过将墙面放倒成为地面一样。2001 年预算定额 1-68 为大理石板波打线，1-69 为花岗石波打线。

定额综合了标准图集的标准做法；因 88J 标准图集有关石材做法中含有石材养护液，所以定额也就会出现相应内容。

9. 请问围墙（240 砖墙）的抹灰工程的取费是执行装修取费，还是建设工程取费？

答：关于围墙的取费：

选用定额什么分册就按其分册的取费原则取费。换句话说建筑执行建筑取费；装修执行装修取费；电气执行电气取费。

需要注意围墙是否为构筑物，如果是（比如并非为首层阳台或平台小院的围墙），应该按构筑物的取费标准取费。

10. 3-77～3-97 与其后不同面层中的抹灰分别在什么情况下套用？

答：是粗装修与精装修之分，一个只是底层（或基层）抹灰；一个是除底层（或基层）抹灰外还包含装饰面层。实际工程中精装修与粗装修的划分应依据业主的招标文件。

11. 在初装修交房的基础上进行精装修贴砖是否只执行 3-132，素水泥浆甩毛是否已含在其中？初装修报价时是否执行 3-78～3-97，而不能执行面层底层抹灰？

答：请查阅 88J 做法；注意做法中有标注的以下为底层，以上为面层。定额底层面层是以 88J 标准做法进行划分（定额子目）的。实际工程中精装修与粗装修的划分应依据业主的招标文件。

12. 使用 2001 预算木制、石材暖气罩套用哪个子目？是否套用窗台板相应子目？

答：立面（展开面积）执行暖气罩；暖气罩上（平面）并入窗台板执行窗台板子目。

13. 天棚工程中嵌顶灯槽附加龙骨与嵌顶灯带附加龙骨的区别？

答：嵌顶灯槽与嵌顶灯带附加龙骨的区别在于灯槽是局部，灯带是大部；或者说灯槽是一个灯的，而灯带是通长的。灯槽是一个灯或是一组灯，灯带是多个或多组组成并形成灯带。

14. 装饰定额 6-94 子目内容是卷帘门的电动装置，是含卷帘门的什么装置，在电气定额 5-30 有卷帘门的控制箱，那么电动装置应该是卷帘门的传动装置，卷门机，熔断装置，还是除控制箱、卷帘门板的所有内容？

答：装饰定额 6-94 子目是卷帘门电动装置的安装，是包含标准图集一般卷帘门电动装置安装（土建项目）的所有内容，实际使用非标准时可以进行价格换算（人工材料消耗量一般不允许更改）。其他电气安装部分应执行电气定额的相应定额项目。

15. 2001 定额中防火玻璃子目单独计算，那么在计算防火门工程量时是否应按图示防火门的尺寸计算并扣除防火玻璃的工程量？

答：计算防火门工程量时不扣除防火玻璃所占面积的工程量。

16. 吊顶脚手架子目中，吊顶的含义是单指有天棚吊顶装修的项目，还是指所有的只要层高超过 3.6m 的天棚装修项目？

答：室内净高超过 3.6m，需钉天棚和做抹灰天棚者，应计算满堂脚手架费用。但不再计算内墙粉刷脚手架费用。

满堂脚手架是按室内地面的净面积计算，但不扣除柱、垛所占的面积。

满堂脚手架的高度是自室内地坪面或楼层面至天棚底。

满堂脚手架的定额高度是以 3.60～5.20m 为基本层，每增高 1.20m 为一个增加层，以此累加，若计算增加层的层数有小数时，按 5 舍 6 入处理。

3.3　计价实战篇—安徽

◆实战热点

1. 超高降效如何计取？

相关文件规范：《安徽省建筑工程消耗量定额 2006》第十二章

（1）单檐高建筑物超高降效适用于建筑物高度超过 20m（6 层）以上的工程。超高降效包括：人工降效、其他机械降效、吊装机械降效。

（2）同一建筑物有高低层时，建筑物超高降效应按不同高度垂直分界面的建筑面积占总建筑面积的比例计算不同高度的人工降效及其他机械降效。

软件处理方法：（一键处理）

分部分项界面选择计算超高降效。

2. 独立费如何计取？

实际业务：某工程铝合金门分包，按 180 元/m² ，这笔费用不需要取费，但要计取税金，怎么处理？

软件处理方法：（一键处理）

分部分项界面选择独立费（增加税前独立费、增加税后独立费）。

3. 钢筋如何调整？

相关文件规范：《全国统一建筑工程基础定额安徽省综合估价表》

附录二钢筋（铁件）调整表　整个建筑施工图规定的钢筋、铁件用量加规定损耗，与定额用量不同时，应按下式计算调整量，并套用本表相应定额：

钢筋（铁件）调整量＝施工图规定用量×（1＋损耗率）－定额用量

各种钢筋、铁件损耗率为：冷拔低碳钢丝为 9％；非预应力钢筋为 2.5％；先张法预应力钢筋为 5％；后张法预应力钢筋为 13％；预埋铁件为 1％。

本定额现浇构件子目中，未列预埋铁件，设计需要预埋铁件时，可按施工图用量加上述规定损耗计算。

软件处理方法：（一键处理）

预算书界面右键选择"钢筋调整"。

4. 2011 人工调增如何处理？

相关文件规范：建标［2010］211 号

各市住房和城乡建委（城乡建委）、建管局（处），省直有关厅局：

随着我省经济的快速发展，建筑市场劳务价格（含劳务基本工资、社会保障费用、住房公积金等）有了较大幅度的上涨，现行定额人工费已不能适应市场发展的要求。为促进建设市场健康有序发展，合理确定建设工程造价，经测算，决定将我省建设工程定额人工费单价 39 元/工日调整为 47 元/工日。现就调整执行的有关问题通知如下：

一、凡在我省从事建筑、安装、装饰装修、市政、房屋修缮、抗震加固、园林绿化及仿古建筑、城市轨道交通等工程，并执行现行计价依据的均执行本通知。

二、调整增加的人工费不计取其他费用，只计取税金。

三、调整执行的具体事宜由安徽省建设工程造价管理总站负责办理。

四、本通知自 2011 年 1 月 1 日起执行。

软件处理方法：（自动设置）

费用汇总中已经自动处理。

5. 商品混凝土与省估价表混凝土的价差如何计算及费用如何计取？

相关文件规范：《全国统一建筑工程基础定额安徽省综合估价表》交底资料

价差＝商品混凝土价－定额混凝土价－搅拌运输机械及人工费

注：（1）其中搅拌运输机械及人工费的内容包括混凝土搅拌机的台班费，搅拌机后台上料、前后运送的混凝土机械及人工费等，经测算，此项费用规定如下：现浇混凝土基础为 30 元/m³；现浇混凝土柱梁为 34 元/m³；现浇混凝土墙板（包括有梁板）为 25 元/m³；现浇混凝土其他构件为 41 元/m³。

（2）此部分价差只计取税金。

软件处理方法：（自动设置）

使用"现浇混凝土转商品混凝土扣减计算"功能。如图 3.3-1 所示。

6. 土建和装修放在一起做，取费模板不一样，如何处理？

相关文件规范：《全国统一建筑工程基础定额安徽省综合估价表》

软件处理方法：（一键处理）

在费用文件界面直接选择多专业取费。如图 3.3-2 所示。

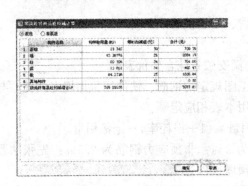

图 3.3-1　　　　　　　　　　　　　　　　图 3.3-2

7. 很多材料价格投标前才确定，如何把一个项目的多个工程所有人材机快速调整？

软件处理方法：项目管理界面点击统一调整人材机。

3.4　计价实战篇—福建

◆**实战热点**

功能分析同公共部分。

3.5　计价实战篇—广东

◆**实战热点**

1. 2010 定额中预拌砂浆如何处理？

相关文件规范：【广东省建筑与装饰综合定额编制技术报告】

附录中附有砂浆及混凝土制作含量表，以适应现场搅拌砂浆、干拌商品砂浆、湿拌商品砂浆等不同情况的计价需要。

在实际施工中可按当地政府部门对砂浆使用的有关规定，分别按照商品砂浆或现场搅拌砂浆进行计价。如采用湿拌砂浆的，按照材料的方式直接用湿拌砂浆价格计入子目价格中；如采用干拌砂浆或现场搅拌形式的，先按附录含量表确定相应的砂浆单价，然后按照材料方式计入子目价格中。

软件处理方法：（自动处理，一键换算）

砂浆子目输入后，在分部分项界面点击右键，选择【浇捣关联制作】，选择预拌砂浆即可。如图 3.5-1 所示。

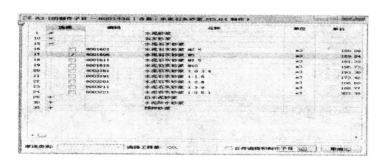

图 3.5-1

2. 2010 定额中混凝土是以"混凝土（制作）"未计价材料形式出现，套价的时候需要输入市场价吗？这种情况的换算如何处理？

相关文件规范：【广东省建筑与装饰综合定额 2010】

除另有说明外，混凝土均以"混凝土（制作）"含量形式出现，可适用于商品混凝土和现场搅拌混凝土，定额含量已经包括施工损耗。所有混凝土子目均已包括混凝土的制作、场内运输、浇捣、养护等工作内容。混凝土配合比和制作含量表分别见附录 3 和附录 4。

软件处理方法：（不需输入市场价，一键换算）

混凝土子目输入后，在分部分项界面点击右键，选择【浇捣关联制作】，直接换算。如图 3.5-2 所示。

图 3.5-2

3. 某工厂进行办公室改建工程，进行到墙面装修的时候，该单位开始正常上班，则该单位的墙面装修需要增加多少人工费，如何处理？

相关文件规范：【广东省建筑与装饰综合定额 2010】

特殊环境和条件下人工降效的规定如下：

在生产车间内边生产边施工的工程，按该项工程的人工费增加 10% 作为工效降效费。

在有害身体健康（按有关部门的规定）的场所内施工的工程，按该部分工程的人工费增加10％作为工效降效费。在洞内、地下室内、库内或暗室内（需要照明）进行施工的工程，按该部分工程的人工费增加40％作为人工降效及照明等费用。

软件处理方法：（自动计算）

在分部分项界面选择统一设置子目增加费，选择好设置范围即可自动生成。如图3.5-3所示。

图 3.5-3

4. 同一栋楼有多种檐高的时候如何处理？单独装饰工程的超高降效如何计算？

相关文件规范：【广东省建筑与装饰综合定额 2010】

建筑工程：

建筑物超高增加人工、机械适用于建筑物高度 20m 以上的工程。建筑物高度是指设计室外地坪至檐口的高度，突出建筑屋顶的电梯间、水箱间、女儿墙等不计高度，顶层建筑物超过该天面面积 1/3 时可以计算高度。不同高度按加权平均值计算。如图 3.5-4 所示。

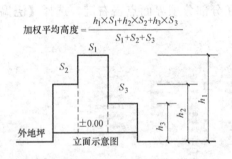

$$加权平均高度 = \frac{h_1 \times S_1 + h_2 \times S_2 + h_3 \times S_3}{S_1 + S_2 + S_3}$$

图 3.5-4

单独装饰工程：

（1）本条适用于单独承包的建筑物装饰装修楼层顶面高度超高 20m 以上的工程。装饰楼层顶面高度是指室外地坪至装饰楼层顶面的高度。

（2）装饰楼层的超高人工、机械增加，应包括楼层所有装饰装修工程量。

（3）建筑物超高人工、机械增加，列入分部分项工程费内。

（4）建筑物超高人工机械增加，按装饰楼层的不同垂直运输高度（单层建筑物指檐口高度）以分部分项的人工费机械费之和为计算工程量，并按照表 3.5-1 计算。

表 3.5-1

内容 高度		人工机械降效增加费(每 100 元)
多层建筑物	20m 以上 40m 以内	7.01 元
	40m 以上 60m 以内	11.48 元
	60m 以上 80m 以内	15.94 元
	80m 以上 100m 以内	21.04 元
	100m 以上 120m 以内	26.14 元
	每增加 20m	4.5 元
单层建筑物	30m 以内	2.5 元
	40m 以内	3.74 元
	50m 以内	5.44 元

软件处理方法：（单檐高、多檐高设置超高降效）

输入定额子目，软件按照业务要求默认地下部分的土石方、基础、泵送增加费、垂直运输、材料二次运输等子目超高过滤类别为不计算超高降效，其他子目默认计算超高降效，檐高类别默认为 20m 以内。

5. 一幢建筑物中有多种檐高的时候如何处理？有塔楼和裙楼的时候垂直运输如何计算？

相关文件规范：【广东省建筑与装饰综合定额 2010】

建筑工程：

建筑物高度是指设计室外地坪至檐口的高度，突出主体建筑物屋顶的电梯间、水箱间、女儿墙等不计高度。一幢建筑物中有不同的高度时，除另有规定外，按最高的檐口高度套同一步距计算。

裙楼与塔楼工程，裙楼按设计室外地坪至裙楼檐口高度计算垂直运输，塔楼按设计室外地坪至塔楼檐口高度计算垂直运输。

建筑物的垂直运输，按建筑物的建筑面积计算。高度超过 100m 时按每增 10m 内定额子目计算，其高度不足 10m 时，按 10m 计算。

单独装饰工程：

垂直运输分别以人工运输和机械运输两种方式考虑。人工运输是指不能利用机械载运材料的垂直运输方式。机械运输是指利用垂直运输机械载运材料的垂直运输方式。如果使用发包人提供的垂直运输机械运输的，扣除定额子目中相应的机械费用。

（1）单独承包的装饰工程机械垂直运输，按装饰楼层不同垂直运输高度以定额工日计算。

（2）单独承包的装饰工程人工垂直运输，按不同装饰楼层和不同材料以定额所示的计量单位计算。

软件处理方法：（建筑工程）

第一步：建筑工程，在工程概况界面，工程特征页签输入建筑面积；

第 3 章 广联达 GBQ4.0 计价软件实战篇

第二步：在措施项目界面输入垂直运输子目，子目工程量会自动关联建筑面积。

软件处理方法：（装饰装修工程）

第一步：装饰工程，输入定额并设置子目垂直运输高度；

第二步：在措施项目界面输入垂直运输子目，子目工程量会自动关联对应高度子目的工日数量。

6. 什么情况下可以计取夜间施工增加费，这部分费用如何计算？

相关文件规范：【广东省建筑与装饰综合定额 2010】

夜间施工增加费：除赶工和合理的施工作业要求（如浇筑混凝土的连续作业）外，因施工条件不允许在白天施工的过程，按其夜间施工项目人工费的 20% 计算。

软件处理方法：在分部分项界面调用汇总类别处理。如图 3.5-5 所示。

编码	类别	名称	汇总类别	综合合价
		整个项目		1048241.18
B1	部	3月工程进度	三月	486379.26
B1	部	4月工程进度	四月	778206.81
B1	部	5月工程进度	五月	583855.11

图 3.5-5

7. 某招标文件规定需按穗建筑［2010］1653 号会议纪要将人工费单列，如何处理？

相关文件规范：【穗建筑［2010］1653 号 会议纪要】

会议明确，实施工程人工费在工程造价组成中单独列项的建设项目，适用于房屋建筑与市政基础设施的施工项目。本次单独列项的工程人工费总额，只计算定额综合工日的人工费，暂不考虑机械台班中所含的人工费。但工程造价总额应按照 2010 年《广东省建设工程计价依据》全额计取工程人工费。

（1）工程项目投标价汇总表（总造价后加一栏工程人工费总额）

（2）单项工程投标价汇总表（总造价后加一栏工程人工费总额）

（3）单位工程投标价汇总表（总造价后加一栏工程人工费总额，名称为：人工费，代码为 RGF）。

软件处理方法：载入费用模板

3.6 计价实战篇—广西

◆实战热点

1. 关于超高降效是如何计算的？主楼和裙楼层高不一致时超高降效如何计算？

相关文件规范：《广西建筑装饰工程消耗量定额 2005》

（1）建筑物超高增加人工、机械降效费的计算方法：

① 人工降效费按建筑物 ±0.00 以上全部工程项目（不包括脚手架工程、垂直运输工程、各章节中的水平运输子目、各定额子目中水平运输机械）中的全部人工费乘以相应子目人工降效率以元计算。

② 机械降效费按建筑物 ±0.00 以上全部工程项目（不包括脚手架工程、垂直运输工程、各章节中的水平运输子目、各定额子目中的水平运输机械）中的全部机械费乘以相应子目机械降效率以元计算。

(2) 建筑物超高加压水泵台班的工程量，按±0.00 以上建筑面积以平方米计算。

(3) 当建筑物有不同高度时，按不同高度的建筑面积计算加权平均降效高度，当加权平均降效高度大于 20m 时套相应高度的定额子目。

加权平均降效高度=(高度①×面积①+高度②×面积②+……)/总面积

软件处理方法：(自动计算)

选择“超高降效”自动计算。

2. 套用其他专业定额，如何取费?

相关方式：

多专业取费：

借用定额时，该定额属于哪个专业则按哪个专业取费。

单专业取费：

在该预算书的所有定额都按同一个专业取费。

软件处理方法：

(1) 多专业取费——软件自动默认。如图 3.6-1 所示。

A.7	部	屋面及防水工程			[建筑工程]	
010702001001	项	屋面卷材防水 1.卷材品种、规格:改性沥青 2.防水层做法:20厚垫层、刷冷底子油	m2	46.7	建筑工程	建筑工程
01070140	定	改性沥青卷材满铺防水 平面	100m2	0.467	建筑工程	建筑工程
01070144	定	刷冷底子油防水 第一遍	100m2	0.467	建筑工程	建筑工程
02010017	定	水泥砂浆找平层 混凝土或硬基层上 20mm	100m2	0.467	装饰装修工程	装饰装修工程
01080214	定	屋面保温 干铺珍珠岩	10m3	4.066	建筑工程	建筑工程

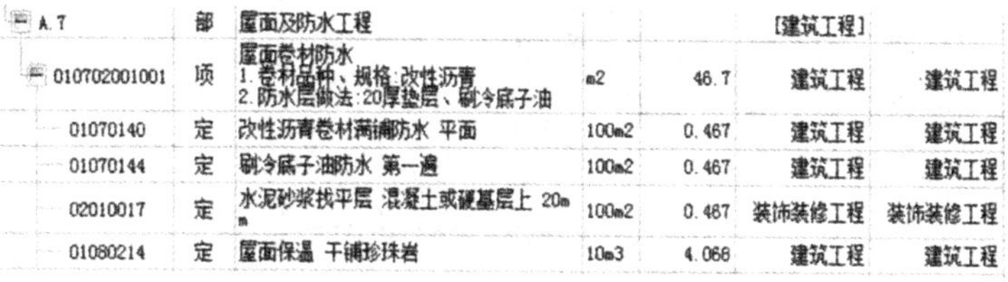

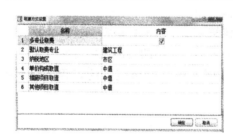

图 3.6-1

(2) 单专业取费——软件一键切换：费用汇总——取费设置。如图 3.6-2 所示。

	名称	内容
1	多专业取费	☑
2	默认取费专业	建筑工程
3	纳税地区	市区
4	单价构成取值	中值
5	措施项目取值	中值
6	其他项目取值	中值

图 3.6-2

3. 报进度款时如何快速处理?

相关文件规范：《建设工程工程量清单计价规范》GB 50500—2008 广西壮族自治区实施细则

承包人应在每个付款周期末（月末或合同约定的工程段完成后)，向发包人递交进度款支付申请，并附相应的证明文件。除合同另有约定外，进度款支付申请应包括下面内容：

(1) 本周期已完成工程的价款

(2) 累计已完成的工程价款

(3) 累计已支付的工程价款

（4）本周期已完成计日工金额

（5）应增加和扣减的变更金额

（6）应增加和扣减的索赔金额

（7）应抵扣的工程预付款

（8）应扣减的质量保证金

（9）根据合同应增加和扣减的其他金额

（10）本付款周期实际应支付的工程价款

软件处理方法：

局部汇总。如图 3.6-3 所示。

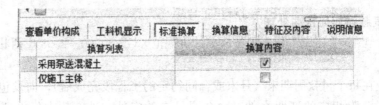

图 3.6-3

4. 垂直运输的换算，工程采用泵送商品混凝土时，垂直运输有何影响？不进行装修施工的工程，垂直运输有何影响？

相关文件规范：广西建筑装饰工程消耗量定额（2005）

如采用泵送混凝土时，定额子目中的塔吊机械台班应乘以系数 0.8。

仅施工主体的建筑物，而不进行装修施工的工程，则套用的垂直运输子目乘以系数 0.7。

软件处理方法：

标准换算。如图 3.6-4 所示。

查看单价构成	工料机显示	标准换算	换算信息	特征及内容	说明信息
换算列表			换算内容		
采用泵送混凝土			☑		
仅施工主体			☐		

图 3.6-4

5. 材料价格可以根据市场价进行修改，如何避免整个项目的多份预算书材料价不统一

相关文件规范：《建设工程工程量清单计价规范》GB 50500—2008 广西壮族自治区实

施细则

4.2.3 条的规定确定综合单价计算

人工单价按照自治区建设主管部门或其授权的自治区工程造价管理机构发布的定额人工单价执行，材料费按各市工程造价管理机构发布的当时当地相应编码的市场材料单价计算，机械台班单价除人工费、动力燃料费可按相应规定调整外，其余均不得调整。

软件处理方式：

项目管理——统一调整人材机。

3.7　计价实战篇—贵州

◆实战热点

1. 挖孔桩使用商品混凝土的换算如何处理？

相关文件规范：黔建施通［2007］285

人工挖孔桩使用商品混凝土泵送灌浆时，定额 A2-56 填心孔径 1.2m 以内每 $10m^3$ 人工费调减 231.14 元，定额 A2-57 填心孔径 1.2m 以外每 $10m^3$ 人工费调减 221.49 元，机械费均调减混凝土搅拌机及机动翻斗车的台班费用。

软件处理方法：直接换算。

2. 某工程原室外坡道面积 12.5m²，由于后期设计发生变化，坡道面积变为 11.5m²，综合单价应该如何确定？

相关文件规范：《建设工程工程量清单计价规范》GB 50500—2008

规范中给出了工程量变化时调整综合单价的原则，如合同没有约定，则按以下原则调整：

(1) 当工程量的变化幅度在 10% 以内时，其综合单价不作调整，执行原有综合单价。

(2) 当工程量的变化幅度在 10% 以外，且影响分部分项工程费超过 0.1% 时，由承包方对增加的工程量或减少后剩余的工程量提出新的综合单价和措施项目费，经发包人确认后调整。

软件处理方法：

锁定综合单价，修改工程量。

3. 混凝土构件比较多，对应模板子目如何快速套取并指定到对应清单下？

相关文件规范：2004 建筑工程计价定额

现浇混凝土模板工程量，除另有规定者外，均应区别不同构件，按混凝土实体体积以立方米计算。

软件处理方法：统一提取模板子目，可指定位置。如图 3.7-1 所示。

4. 同时有土建和装饰子目时超高降效是如何计取的？

相关文件规范：2004 建筑工程计价定额

建筑：(1) 本章定额适用于建筑物檐高 20m 以上的工程，不适用于构筑物。

(2) 超高建筑物人工增加按单位工程 A1～A9 分部分项的人工费乘以相应的系数计算。

(3) 超高建筑物机械增加按单位工程 A1～A9 分部分项的机械费乘以相应的系数

图 3.7-1

计算。

装饰：超高建筑物人工、机械增加，按装饰装修工程的实体项目的人工费、机械费分别乘以相应的系数计算。

软件处理方法：计取超高降效。

5. 某工程 26 层，檐高 78m，建筑面积 15950m²，两层地下室，采用全泵送商品混凝土，其垂直运输费如何考虑，地下室是否要计算垂直运输机械费？

相关文件规范：2004 建筑工程计价定额；黔建施通 [2007] 285 号

（1）《04 建筑定额》垂直运输工程量计算规则第三条：当单位工程采用全泵送商品混凝土时，其垂直运输费乘以系数 0.85。是指在混凝土输送泵由商品混凝土厂家提供，泵送费用已包括在商品混凝土价格内；若混凝土输送泵由施工企业提供，商品混凝土价格中未包括泵送费用时，垂直运输费用不乘系数。

（2）《04 建筑定额》地下垂直运输费用计算：若地下室为单层且层高小于 3.6m 时，地下室不计算垂直运输费用；多层地下室或单层层高超过 3.6m 时，按地下室全面积计算垂直运输费用。

软件处理方法：直接换算。

6. 某工程主楼 18 层，裙楼 8 层，给水工程的高层建设增加费如何计算？

相关文件规范：贵州 2004 安装工程计价定额（图 3.7-2）

1. 高层建筑增加费：按下表计算。（高层建筑是指：高度在 6 层以上的多层建筑或自室外设计正负零楼口高度在 20 米 以上的单层建筑，不包括屋顶水箱间、电梯间、屋顶平台出口等。）

层 数	9 层以下（30 米）	12 层以下（40 米）	15 层以下（50 米）	18 层以下（60 米）	21 层以下（70 米）	24 层以下（80 米）
按人工费的 %	2		4	6	8	10
层 数	27 层以下（90 米）	30 层以下（100 米）	33 层以下（110 米）	36 层以下（120 米）	39 层以下（130 米）	42 层以下（140 米）
按人工费的 %	13	16	19	22	25	28
层 数	45 层以下（150 米）	48 层以下（160 米）	51 层以下（170 米）	54 层以下（180 米）	57 层以下（190 米）	60 层以下（200 米）
按人工费的 %	31	34	37	40	43	46

注：（1）同一建筑物有部分高度不同时，可分别不同高度计算高层建筑增加费。
（2）在计算出的高层建筑增加费中，人工费占 75%，机械使用费占 25%。

图 3.7-2

软件处理方法：批量计取安装费用。如图 3.7-3 所示。

图 3.7-3

7. 如何计取安全文明施工费？

相关规范文件：黔建施通［2008］385 号（图 3.7-4）

序号	费用名称	工程类别	计算式
1	安全防护措施费	建筑工程	单位工程（人工费+机械费）合计*4.60%
		装饰装修工程	单位工程（人工费+机械费）合计*4.60%
		安装工程	定额人工费*2.5%
		市政工程	单位工程（人工费+机械费）合计*3.22%
		仿古建筑工程	单位工程（人工费+机械费）合计*3.68%
2	文明施工措施费	建筑工程	单位工程（人工费+机械费）合计*2.30%
		装饰装修工程	单位工程（人工费+机械费）合计*2.30%
		安装工程	定额人工费*1.50%
		市政工程	单位工程（人工费+机械费）合计*1.84%
		仿古建筑工程	单位工程（人工费+机械费）合计*1.84%

市政工程中的给水、排水机械设备安装、燃气及集中供热、路灯工程执行安装工程的标准。

图 3.7-4

软件处理方法：自动计取。

8. 人工费调整相关问题如何处理？

相关文件规范：黔建施通［2008］297 号文（2008-6-5）关于严格执行贵州省 2004 五部计价定额人工费的通知

（1）建筑、装饰装修、市政、园林绿化及仿古建筑工程人工费调整，均按单位工程 2008 年 4 月 1 日以后实际完成的实物工程量所对应的定额人工费合计×54％计算。

（2）安装工程人工费调整，按单位工程 2008 年 4 月 1 日以后实际完成的实物工程量所对应的定额人工费合计×57％计算。

软件处理方法：自动计算。

9. 投标时如何快速检查与招标书的一致性？

相关规范文件：中华人民共和国房屋建筑和市政工程标准施工招标文件

软件处理方法：自动检查与招标书的一致性。

10. 如何检查出投标书中综合单价高于最高限价以及税金为零等投标时可能的扣分项；如何生成电子投标书？

相关文件规范：中华人民共和国房屋建筑和市政工程标准施工招标文件

软件处理方法：投标书自检；生成投标书。

3.8 计价实战篇—河南

◆实战热点

1. 相同专业的项目特征一样，数据是否可以重复利用？

软件处理方案：

（1）保存项目特征。

（2）导入导出项目特征。

2. 商品混凝土如何计取运输费？现浇混凝土如何计取现场搅拌费？

相关文件规范：《河南 2008 建筑装饰定额解释——综合解释及勘误》

商品混凝土运输费或现场搅拌混凝土加工费是直接发生在实体项目上的费用，应计入实体项目费中。

采用工程量清单计价时，各项混凝土构件综合单价的组价子目，均应包括商品混凝土运输费或现场搅拌混凝土费，其工程量为清单工程量乘以 1.015（含混凝土的损耗量）。

软件处理方案：直接输入定额子目即可自动计取。

3. 混凝土泵送费如何计取？若工程采用泵送混凝土对垂直运输费的计取有何影响？混凝土采用泵送时，机械停滞费怎么取？

相关文件规范：《河南 2008 土建消耗量定额》

混凝土泵送工程量按混凝土泵送部位的相应子目中规定的混凝土消耗量体积计。

混凝土构件采用泵送浇筑者，相应子目中的塔式起重机台班数量乘以 0.5。所减少的台班数量可计算停滞费。

软件处理方案：

（1）泵送类别可以直接设置泵送高度。

（2）垂直运输费计取方便，机械停滞费直接计取。如图 3.8-1 所示。

图 3.8-1

4. 模板如何计取？

相关文件规范：《河南 2008 土建消耗量定额》

本分部中的模板综合考虑了工具式钢模板、定型钢模板、木（竹）模板和混凝土地（胎）模的使用。实际采用模板不同时，不得换算。

现浇混凝土构件及预制构件模板：本分部现浇混凝土构件及预制构件模板所采用的工程量是现浇混凝土及预制构件混凝土的工程量，其计算规则和 A.4 混凝土和钢筋混凝土分部相同。

软件处理方案：自动提取模板，而且可以根据工程需要设置模板的提取位置。

5. 超高降效如何计取？

相关文件规范：《河南 2008 装饰消耗量定额》

（1）超高费以装饰工程的合计定额工日为基数计算。

（2）同一建筑物高度不同时，可按不同高度的竖向切面分别计算人工，执行超高费的相应子目。

软件处理方案：

轻松选择计取位置，批量设置不同分部费用。如图 3.8-2 所示。

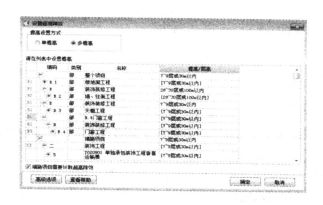

图 3.8-2

6. 安装费用如何计取？脚手架搭拆费，高层建筑增加费，超高费等怎么计取？

相关文件规范：《河南 2008 装饰消耗量定额》

刷油、防腐蚀、绝热工程的脚手架搭拆费可按本册措施项目相应子目计算。按工程项目的综合工日数计算，以"100 工日"为计量单位。

软件处理方案：

安装费用设置可以统一设置，同时也可以根据工程的需要进行局部设置。

7. 装饰面层材料规格和定额材料不一致时怎么办？

相关文件规范：《河南 2008 装饰消耗量定额》

本分部子目中凡注明砂浆种类、配合比、饰面材料型号规格的，如与设计要求不同时，可按设计要求调整，但人工数量不变。

软件处理方案：直接修改材料规格，软件自动反算含量。如图 3.8-3 所示。

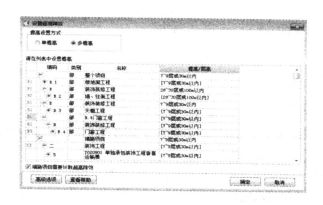

图 3.8-3

8. 甲方给定的主要材料怎么设置为主要材料？

软件处理方案：设置主材灵活多样简单，可以直接选择。

9. 人工费调整如何处理？

相关文件规范：豫建设标〔2011〕5 号

软件处理方案：人材机汇总中人工费直接调整市场价。

10. 一个项目工程下面有十五个单位工程，用什么方法可以让这十五个单位工程的市场价保持一致？

软件处理方案：项目里面统一调整人材机。

3.9 计价实战篇—湖北

◆实战热点

1. 实际使用的商品混凝土强度等级与定额子目设置不同时，如何换算？

相关文件规范：鄂建造价〔2010〕38 号　P34 页

答：当两者商品混凝土强度等级不同时，可以换算，按以下规定执行：

（1）从商品混凝土定额取定价（入模价）表（如下）中找出与实际使用的商品混凝土强度等级相对应的定额取定价；

（2）将此强度等级商品混凝土定额取定价与定额子目设置的商品混凝土强度等级进行换算，计入定额基价；

（3）实际使用的商品混凝土价格与相对应的商品混凝土定额取定价的差额按价差处理。

商品混凝土定额取定价（入模价）表

取定价 粒径 ＼ 强度等级	C10	C15	C20	C25	C30	C40
碎石 10	263.00	275.00	290.00	304.00	320.00	350.00
碎石 15	263.00	275.00	290.00	304.00	320.00	350.00
碎石 20	263.00	275.00	290.00	304.00	320.00	350.00
碎石 40	263.00	275.00	290.00	304.00	320.00	350.00

软件处理方法：标准换算。

2. 采用商品砂浆时，如何换算？

相关文件规范：鄂建造价〔2010〕38 号　P30 页

答：如采用商品砂浆时，商品砂浆价格与定额子目中相应的砂浆价格的差额作价差处理，另人材机换算按下述情况执行。

（1）从现浇砂浆转换成干拌砂浆：人工按现浇子目的工日×0.955 的系数，水按现浇子目的用量×0.974 的系数，其他含量不变。（现浇砂浆含量 m^3×1.86 吨/m^3＝干拌砂浆含量）

（2）预拌砂浆从干拌换算成湿拌，普工按干拌子目的工日×0.971 的系数，技工按干拌子目的工日×0.961 的系数。用水量相当于干拌砂浆用水量的 50%，机械费全部取消。

软件处理方法：商品砂浆换算（适用于建筑工程中第二章砌筑工程）。如图 3.9-1 所示。

广联达GBQ4.0 计价软件应用及答疑解惑

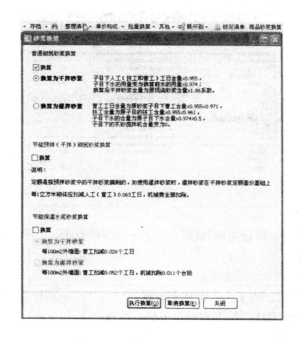

图 3.9-1

建筑节能与房屋修缮工程中商品砂浆处理方法相同。

3. 安装工程中管道的除锈、刷油、保温、隔热如何快速计算工程量并组价？

相关文件规范：2008 湖北安装定额

刷油工程中设备、管道以平方米为计量单位管道表面积计算公式：

$$S＝\pi\times D\times L$$

式中：π——圆周率；

　　　D——设备或管道直径；

　　　L——设备筒体高或按延长米计算的管道长度。

管道绝热、防潮和保护层计算公式：

$$V＝\pi\times(D+1.033\delta)\times1.033\delta\times L$$

式中：D——直径；

　1.033——调整系数；

　　　δ——绝热层厚度；

　　　L——设备筒体或管道长。

软件处理方法：安装子目关联。

（1）套取管道子目时，软件会自动弹出"关联子目"窗口，如图 3.9-2 所示。

（2）直接输入管道的管径、保护层厚度等信息，相关刷油、保温等子目工程量软件自动算出，直接勾取相应定额即可。

4. 针对 6 月 1 日起执行的《关于调整我省现行建设工程计价依据定额人工单价的通知》如何处理？

相关文件规范：鄂建文 [2011] 80 号

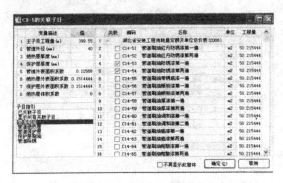

图 3.9-2

（1）调整的范围

我省现行的各专业消耗量定额及统一基价表（或估价表）、预算定额、概算定额，按本通知的规定调整定额人工单价。

（2）调整的标准

① 定额人工以普工、技工、高级技工表现的定额及统一基价表（或估价表），人工单价调整为：普工 52 元/工日；技工 60 元/工日；高级技工 75 元/工日。机械台班费用定额中的人工单价按技工标准调整。

② 定额人工以综合工日表现的定额及统一基价表（或估价表），及机械台班费用定额中的人工单价调整为：59 元/工日。

（3）调整的方法

不论采用定额计价模式或工程量清单计价模式，调整后的人工费与原人工费之间的差额，计取税金后单独列项，计入含税工程造价。

软件处理方法：自动处理

新建工程时，在"模板类别"里选择"鄂建文［2011］80 号文"相应模板即可（图 3.9-3 和图 3.9-4）。

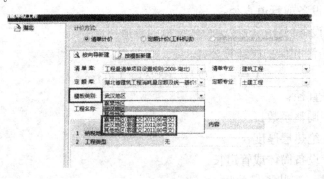

图 3.9-3

【该文件适用于湖北省 2008 序列定额，湖北省建筑工程概算定额统一基价表（2006），全国仿古建筑工程预算定额湖北省统一基价表（2006）】

5. 项目下单位工程比较多，批量导出报表和批量打印报表时，如何快速选中各单位工程中所需报表？

软件处理方法：选择同名报表。如图 3.9-5 所示。

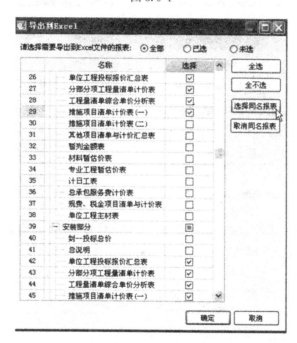

图 3.9-4

图 3.9-5

3.10 计价实战篇—湖南

◆实战热点

1. 商品混凝土，采用垂直运输机械运送混凝土，或采用泵送混凝土，如何套定额？

相关文件规范：【湘建价〔2010〕36 号文】建筑工程解释

泵送商品混凝土：对于采用泵送的商品混凝土，执行编号为 A4-165 至 A4-166 子目，混凝土的损耗按 1.5%，施工缝按实际留设面积计算。

非泵送商品混凝土：对于采用垂直运输机械输送商品混凝土，执行编号为 A4-76 至

A4-113 的子目作以下调整，按每 10m³ 混凝土工程量扣 5.58 工日，并扣除子目中搅拌机台班数量，混凝土的数量不变，其他按商品混凝土有关规定处理。同时这些子目中已包含了施工缝的处理费用。

软件处理方法：

泵送商品混凝土：商品混凝土子目＋泵送子目。

非泵送商品混凝土：标准换算。

2. 钢筋、商品混凝土材料价格较高，是否可以定为主要材料？

相关文件规范：【湘建价监［2010］08 号文】答疑文件

除安装主材以外的所有主要材料定义为：单项材料基期合价占该单位工程所有材料基期合价的 2％（含 2％）以上，该单项材料视做主要材料。

软件处理方法：主要材料设置：自动提取材料。如图 3.10-1 所示。

图 3.10-1

3. 别墅工程量小，工程的交叉、配合多，工效大幅度降低，涉及别墅增加费怎么处理？

相关文件规范：【湘建价［2009］29 号文】动态调整及统一解释

单位工程建筑面积 300m² 以下的工程，其消耗量标准中的人工、机械费乘以系数 1.2（包括建筑、装饰、安装工程）；单位建筑面积超过 300m² 的别墅工程，其人工、机械费乘以 1.15。

软件处理方法：计取别墅增加费。如图 3.10-2 所示。

图 3.10-2

4. 清单项目中涉及多个专业内容时，按不同子目的专业分别取费，还是按清单专业取费？

相关文件规范：【湘建价［2009］29号文件】动态调整及统一解释建筑计价办法

应该按清单的取费标准计取相关费用。

软件处理方法：修改取费文件。

5. 商品混凝土管理费和沥青混凝土管理费如何计算？

相关文件规范：湘建价［2009］29号文

沥青商品混凝土与商品混凝土管理费计取不一致，采用商品沥青混凝土的工程，其商品沥青混凝土按2.5%计取企业管理费，不计利润，但应按规定计算取相应的规费、税金。

软件处理方法：综合单价计算时商品混凝土和沥青商品混凝土分别计取管理费，自动处理。

6. 增加新的工程量清单项目或增加工程量清单数量该如何处理？

相关文件规范：【湘建价［2009］406号】第九十九条

综合单价不变：

（1）当分部分项工程量变更后调增量小于原工程量的10%（含10%）时，其综合单价应按照原综合单价确定。

（2）当分部分项工程量变更后调减的工程量以及因设计变更被取消的项目，其综合单价应按照原综合单价确定。

重新报价：

当分部分项工程量变更后的调增量大于原工程量的10%以上部分，工程量清单漏项或由于设计变更引起新增项目时，其综合单价应按照湖南省建设行政主管部门颁发的建设工程消耗量标准、取费标准、计费程序、人工工资单价及工程造价管理机构发布的工程造价信息确定。

软件处理方法：综合单价不变的按锁定综合单价处理；重新报价的，多出10%的按重新报价处理。

7. 关于超高降效是如何计算的？主楼和裙楼层高不一致时超高降效如何计算？

相关文件规范：《湖南2006定额计算规则》【建筑工程】

同一建筑物楼面顶标高距室外地坪的高度不同时，按水平面的不同高度范围的工程量，分别按相应项目计算。

相关文件规范：湘建计价［2007］34号文

建筑物人工超高、机械超高计算可按建筑面积加权来简化计算。

软件处理方法：设置超高降效。如图3.10-3所示。

8. 垂直运输机械使用台数配置太少，是否允许调整？

相关文件规范：《湖南2006定额计算规则》【建筑工程】

（1）檐高20m以内的建筑物，采用塔式起重机施工的，一个单位工程配置1台塔吊和2台卷扬机。

（2）檐高20m以内的建筑物，采用卷扬机施工的，一个单位工程配置3台卷扬机；零星建筑的卷扬机可配置2台。

（3）檐高20m以内的建筑物，采用塔式起重机施工的，一个单位工程配置1台塔吊、

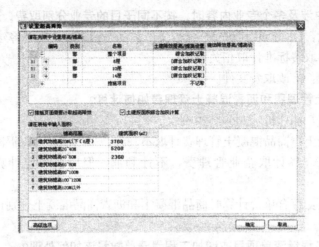

图 3.10-3

2 台卷扬机、1 部电梯、2 部步话机。

相关文件规范：【湘建价（2008）31 号文】计价办法解释

垂直运输采用塔式起重机时

檐口高度	每层建筑面积	机制	备注
20m 以内	2000m² 以内	800kN·m 塔式起重机 1 台	每增加 1600m² 以内时增加 800kN·m 塔式起重机 1 台
50m 以内	2500m² 以内	1000kN·m 自升式塔式起重机 1 台	每增加 2000m² 以内时增加 1 台 1000kN·m 直升式塔式起重机
100m 以内	3000m² 以内	1500kN·m 自升式塔式起重机 1 台	每增加 2500m² 以内时增 1500kN·m 自升式塔式起重机
100m 以上	3500m² 以内	2000kN·m 自升式塔式起重机 1 台	每增加 3000m² 以内增加 2000kN·m 自升式塔式起重机 1 台

注：(1) 当檐口高度超过 25m 在 100m 以下时，按每台自升式塔式起重机配 1 台单笼施工电梯，檐口高度在 100m 以上时配 2 台单笼施工电梯；

(2) 当裙楼每层建筑面积过大时，可按上述标准增加辅助塔式起重机。

软件解决方法：直接套取相应定额。如图 3.10-4 所示。

2.3		垂直运输机械费	项	1	0
JC030100100		建筑物垂直运输费	m2	1	0
J13-5	定	塔式起重机 1500kNm	台班	0	33797.74
A13-10	定	施工电梯 檐高80m以内	台班	0	378.28
A13-3	定	塔吊 建筑檐口高80m以内	台班	0	1131.11
A13-7	定	卷扬机 建筑物檐口高30m以上、砖烟囱	台班	0	137.07

图 3.10-4

9. 某工程主楼 12 层，裙楼 6 层，给水工程的高层建设增加费如何计算？

相关文件规范：《湖南 2006 定额计算规则》【安装工程】

表2　高层建设增加费计算系数

层　数	按人工工日的百分比(%)
9 层以下(30m)	1
12 层以下(40m)	2
15 层以下(50m)	4
18 层以下(40m)	6
21 层以下(70m)	8
24 层以下(80m)	10
27 层以下(90m)	13

软件解决方法：（1）按照楼层汇总工程量；

（2）批量按楼层设置高层建筑增加费；

（3）软件自动汇总到措施项目。

10. 安全文明施工费应该怎样计取？

相关文件规范：湘建建［2010］111 号文

安全文明施工费

项　目　名　称		计算基础	概率(%)
建筑工程		人工费＋机械费	20.07
装饰装修工程		人工费	22.06
安装工程		人工费	21.26
园林(景观)绿化工程		人工费	14.95
仿古建筑		人工费	19.57
市政工程	给水、排水、燃气	人工费	14.95
	道路、桥涵、隧道	人工费＋机械费	15.19
机械土石方		人工费＋机械费	5.46
打桩工程		人工费＋机械费	6.54

注：安全文明施工费包括文明措施、安全措施、临时设施费和环境保护费，单位工程建筑面积在以下范围内的其
建筑工程、装饰装修工程、安装工程安全文明施工费分别乘以下规定的系数：5000m² 以下乘 1.2；5000～
10000m² 乘 1.1；>20000m² 且≤30000m² 乘 0.9；>30000m² 乘 0.8；8. 其他专业工程执行同一标准。

软件解决方法：新建工程时选好相应建筑规模，软件自动计取。如图 3.10-5 所示。

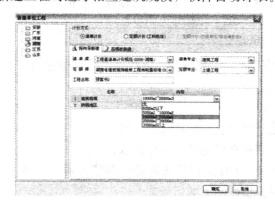

图 3.10-5

相关文件规范：长沙市住房和城乡建设委员会文件

实施了建筑业从业人员信息智能管理系统和施工现场视频监控的建设项目均应调整安全文明施工增加费，增加费率为3%。

建筑面积	费率
10000~20000m²	23.07%
20000~30000m²	20.76%
30000m² 以上	18.46%

软件解决方法：新建工程时选好相应建筑规模，软件自动计取。

11. 已完工程保护费，投标报价时如何考虑？

相关文件规范：湘建价［2009］30号文

编制上限值或投标报价时可以不考虑已完工程保护费，工程结算时，可按建设方签证计算。

软件解决方法：在措施项目中，直接将金额计入已完工程及设备保护费。

12. 投标时暂列金额是应该列入清单中，还是应该在汇总表中单独列一项？如果招标文件给出暂列金额50万，如果列入清单中就会计取相关的费用，如规费、税金等，如何处理？

相关文件规范：湘建价［2009］406号文

【暂列金额】

（1）招标人在工程量清单中暂定并包括在合同价款中的一笔款项。

（2）用于施工合同签订时尚未确定或者不可预见的所需材料、设备、服务的采购，施工中可能发生的工程变更、合同约定调整因素出现时的工程价款调整以及发生的索赔、现场签证确认等的费用。

编制人：招标人

是否包含在投标报价中：是

软件处理方法：直接计入其他项目费中。

13. 【暂估价】已经根据招标方暂估材料进行报价，其他项目清单中是否重复计算？

相关文件规范：湘建价［2009］406号文

【暂估价】

招标人在工程量清单中提供的用于支付必然发生但暂时不能确定的材料或项目的价格。

材料暂估价

甲方列出暂估的材料单价及使用范围，乙方按照此价格来进行组价，并计入到相应清单的综合单价中；其他项目合计中不包含，只是列项。

专业工程暂估价

按项列支，如塑钢门窗、玻璃幕墙、防水等，价格中包含除规费、税金外的所有费用；此费用则计入其他项目合计中。

软件处理方法：

材料暂估价：设定暂估材料，软件自动计取。

专业工程暂估价：直接在其他项目费中计取。

14. 电梯、防火涂料，不在原招标文件及合同范围内，由甲方承包给其他单位施工，是否可以计取总承包服务费？应该如何计算？

相关文件规范：湘建价［2009］406号文

广联达GBQ4.0计价软件应用及答疑解惑

【总承包服务费】

总承包人为配合协调发包人进行的工程分包自行采购的设备、材料等进行管理、服务以及施工现场管理、竣工资料汇总整理等服务所需的费用。

具有以下情况之一时，应列总承包服务费项目：

（1）招标人另行发包专业工程；

（2）招标人供应材料、设备；

（3）按分包的专业工程估算造价的 3%～5% 计算。

软件处理方法：直接在其他项目费中计取。

15. 施工过程中，甲方要求拆除售楼处外围钢栅栏，此项工程人工费用应如何计取？

相关文件规范：湘建价［2009］406 号文

【计日工】

在施工过程中，完成发包人提出的施工图纸以外的零星项目或工作，按合同中约定的综合单价计价。

解释：

（1）包含了零星项目中的人工、材料、机械费用。

（2）其中人工、材料、机械价格中包含除规费、税金外的所有费用（不能再计算采保费、管理费、利润等费用）。

软件解决方法：在其他项目费中，分人工、材料、机械分别计入计日工中。

3.11　计价实战篇—吉林

◆实战热点

1.《吉林省房屋修缮及抗震加固工程计价定额 2010》

相关文件规范：吉建造［2010］12 号

关于颁发《吉林省房屋修缮及抗震加固工程计价定额》的通知

2010 年开工的房屋修缮及抗震加固工程及跨年工程 2010 年度完成的工程量，凡执行定额计价且尚未结算（施工方未报送结算资料）的工程，除合同另有约定外，均按本定额执行。

2007 年出版的《全国统一房屋修缮工程预算定额吉林省基价表》（JLYD—FX—2007）自 2010 年 12 月 1 日废止。

软件处理方法：如图 3.11-1 所示。

第3章　广联达 GBQ4.0 计价软件实战篇

图 3.11-1

2. 投标的工程中使用了很多混凝土定额，与之关联的模板和钢筋定额都需要一条一条定额套取吗？

软件处理方法：

提取模板子目、提取钢筋子目。

3. 清单项目中涉及多个专业内容时，按不同子目的专业分别取费，还是按清单专业取费？

软件处理方法：（预算书设置）如图 3.11-2 所示

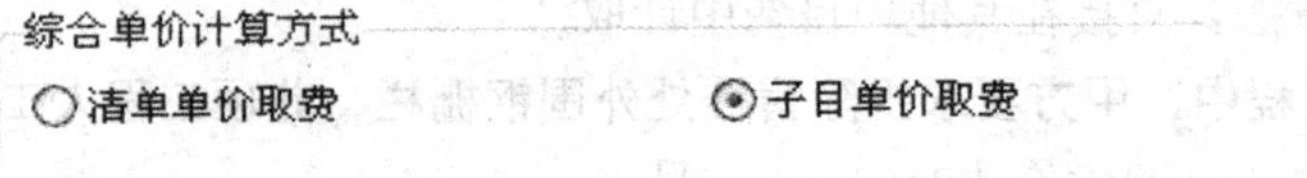

综合单价计算方式

○清单单价取费　　　　　　◉子目单价取费

图 3.11-2

4. 招标文件要求清单综合单价要取全费用，需要把规费和税金等也加入综合单价（图 3.11-3），怎么办？

分部分项工程量清单综合单价分析表(一)

工程名称：　　　　　　　　　　　　　　　　　　　　　　　　　　　　　　　　第 1 页，共 1 页

序号	编码	清单/定额名称	计量单位	数量	综合单价(元)	其中										风险	合价(元)
						人工费	材料费	主材设备	机械费	机械费	管理费	利润	措施费	规费	税金		

图 3.11-3

软件处理方法：

载入新的单价构成文件。如图 3.11-4 所示。

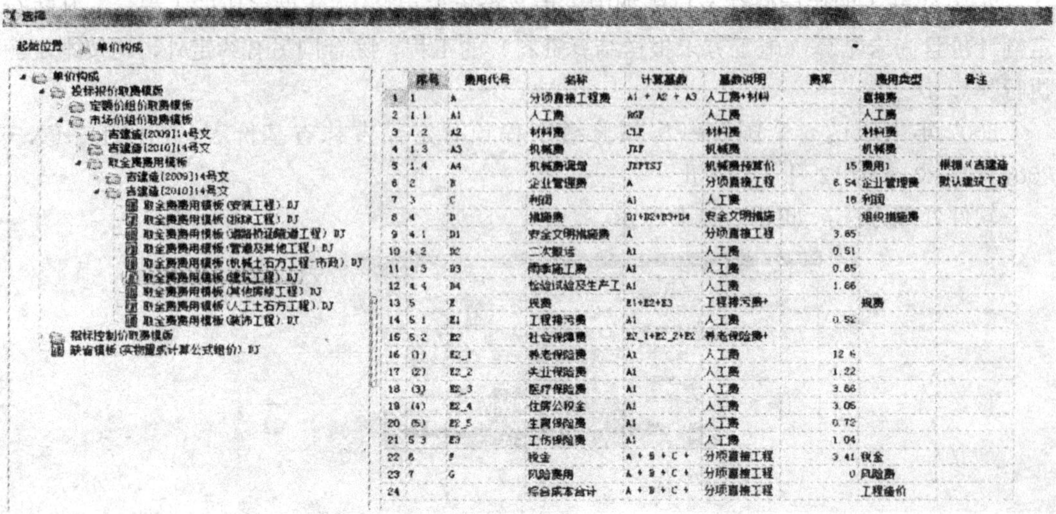

图 3.11-4

5. 人工、机械台班单价调整?

相关文件规范：吉建造〔2010〕14 号

(1)《吉林省建筑工程计价定额》(JLJD—JZ—2009)、《吉林省安装工程计价定额》(JLJD—AZ—2009)、《吉林省市政工程计价定额》(JLJD—SZ—2009)、《全国统一房屋修缮工程预算定额吉林省基价表》(JLYD—FX—2007)、《全国统一仿古建筑及园林工程预算定额吉林省基价表》(JYD—601—2000)、《吉林省房屋修缮及抗震加固工程计价定额》(JLJD—XS—2010)中的人工综合工日单价调整为 70.00 元/工日;《吉林省装饰工程计价定额》(JLJD—ZS—2009)中的人工综合工日单价调整为 82.00 元/工日。

(2)《吉林省施工机械台班计价定额》(JLJD—JX—2009)(包括 09 版《吉林省建筑工程计价定额》、《吉林省安装工程计价定额》、《吉林省市政工程计价定额》、《吉林省装饰工程计价定额》)中的机械台班单价乘以 1.15;《全国统一房屋修缮工程预算定额吉林省基价表》(JLYD—FX—2007)中的机械费乘以 1.25;《全国统一仿古建筑及园林工程预算定额吉林省基价表》(JYD—601—2000)中的机械费乘以 1.35。

软件处理方法：(乘系数换算)

人工市场价调整：如图 3.11-5 所示。

编码	类别	名称	规格型号	单位	数量	预算价	市场价	市场价合计	价差	价差合计
1 000024	人	土建综合工日		工日	0.02835	50	70	1.98	20	0.57
2 000025	人	装饰综合工日		工日	0.11835	60	82	9.7	22	2.6

图 3.11-5

机械费调整：如图 3.11-6 所示。

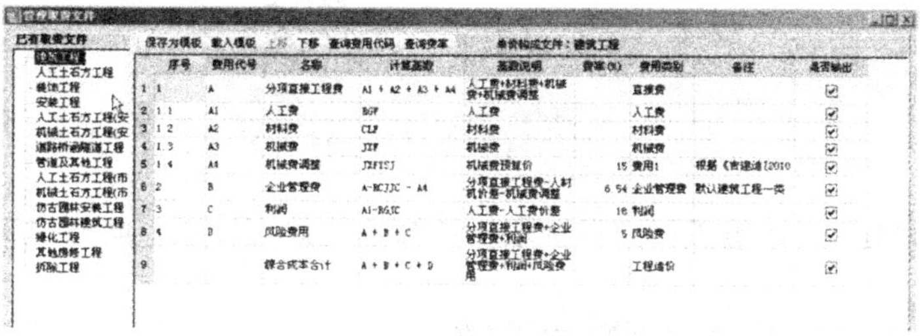

图 3.11-6

6. 人工、材料、机械费调整市场价后，价差部分是如何考虑取费的?

相关文件规范：吉建造〔2010〕14 号

定额人工单价、机械台班单价(机械费)调整增加的人工费、机械费只计取税金，不计取其他费用。

【2009 吉林省建安工程费用定额】

价差：包括人工价差、材料价差、机械价差，按规定计算，只计取税金。

【吉建造〔2009〕14 号】

采用工程量清单计价的工程，编制招标控制价时，风险费取费基数为清单综合单价。

软件处理方法：(单价构成、费用汇总)如图 3.11-7 所示。

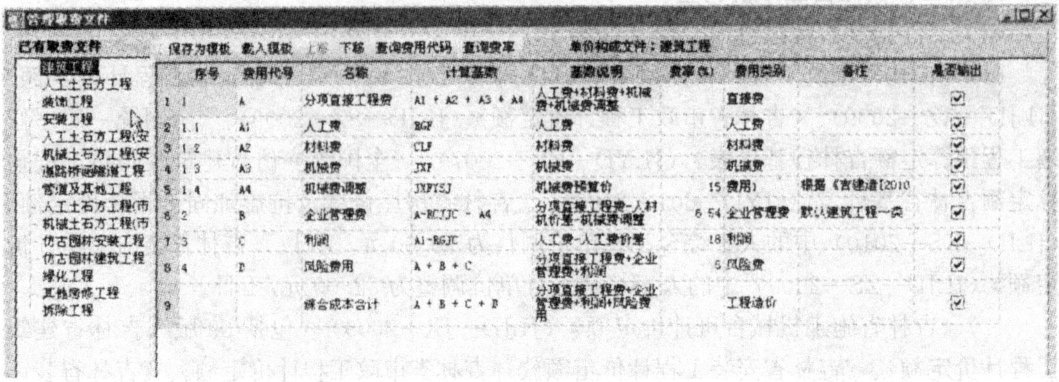

图 3.11-7

费用汇总中规费：计算基数减掉价差，所以价差没有取规费。如图 3.11-8 所示。

10	四	D	规费	D1+D2+D3+D4+D5	工程排污费+社会保障费+工伤保险费+危险作业意外伤害保险+工程质量检测、室内环境质量检测	
11	1.1	D1	工程排污费	RGF+JSCS_RGF-RGJC	分部分项人工费+技术措施项目人工费-人工价差	0.52
12	1.2	D2	社会保障费	D2_1+D2_2+D2_3+D2_4+D2_5	养老保险费+失业保险费+医疗保险费+住房公积金+生育保险费	
13	(1)	D2_1	养老保险费	RGF+JSCS_RGF-RGJC	分部分项人工费+技术措施项目人工费-人工价差	12.6
14	(2)	D2_2	失业保险费	RGF+JSCS_RGF-RGJC	分部分项人工费+技术措施项目人工费-人工价差	1.22
15	(3)	D2_3	医疗保险费	RGF+JSCS_RGF-RGJC	分部分项人工费+技术措施项目人工费-人工价差	3.66
16	(4)	D2_4	住房公积金	RGF+JSCS_RGF-RGJC	分部分项人工费+技术措施项目人工费-人工价差	3.05
17	(5)	D2_5	生育保险费	RGF+JSCS_RGF-RGJC	分部分项人工费+技术措施项目人工费-人工价差	0.72
18	1.3	D3	工伤保险费	RGF+JSCS_RGF-RGJC	分部分项人工费+技术措施项目人工费-人工价差	1.04
19	1.4	D4	危险作业意外伤害保险			
20	1.5	D5	工程质量检测、室内环境质量检测			
21	五	E	税金	A+B+C+D	分部分项工程+措施项目清单计价合计+其他项目清单计价合计+规费	3.41
22			含税工程造价	A+B+C+D+E	分部分项工程+措施项目清单计价合计+其他项目清单计价合计+规费+税金	

图 3.11-8

7. 安全文明施工费建筑工程如何计取？装饰工程如何计取？同一个工程都有时如何计取？

相关文件规范：吉林省建筑装饰工程计价定额（2009）

费用项目 \ 计取基数	建筑工程	装饰工程
	直接工程费	人工费
环境保护及文明施工费	0.72	2.03
安全施工费	2.05	5
临时设施费	0.88	2.48

软件处理方法：（措施项目分专业计取）。

8. 安装中专业脚手架是按照章节划分的，比如电气设备安装工程就需要脚手架，如何快速计算脚手架？

相关文件规范：吉林省安装工程计价定额（2009）

電器設備安裝工程

六、关于下列各项费用的规定:

1. 脚手架搭拆费 (10kV 以下架空线路除外) 按人工费的 4% 计算,其中人工工资占 2.5%。

2. 工程超高增加费 (已考虑了超高因素的定额项目除外):操作物高度离楼地面 5m 以上、20m 以下的电气安装工程,按超高部分人工费的 33% 计算。

3. 高层建筑增加费 (指高度在 6 层或 20m 以上的工业与民用建筑) 按下表计算 (其中全部为人工工资);

软件处理方法:(计取安装费用)

选择安装费用按钮——计取安装费用。如图 3.11-9 所示。

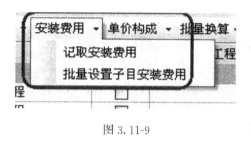

图 3.11-9

3.12 计价实战篇—江西

◆ 实战热点

1. 商品混凝土,采用垂直运输机械运送混凝土,或采用泵送混凝土,如何计取?

相关文件规范:赣建价发字 [2005] 36 号

工业建筑、民用建筑应根据工程的部位,檐高及采用垂直运输机械情况的不同,按下表计算相关费用。

使用预件混凝土 (泵送) 工料机费用扣除表

	基础	檐高20m内塔吊	檐高20m内塔吊	檐高30m内塔吊	檐高30m内塔吊	檐高40m内塔吊	檐高40m内塔吊	檐高60m内	檐高60m内	檐高70m内	檐高80m内	檐高90m内	檐高100m内	檐高110m内	檐高120m内
后台费用	18.72	20.67	20.67	20.67	20.67	20.67	20.67	20.67	20.67	20.67	20.67	20.67	20.67	20.67	20.67
前台费用	17.19	16.87	16.87	16.87	16.87	16.87	16.87	16.87	16.87	16.87	16.87	16.87	16.87	16.87	16.87
垂直运输费	8	7.33	19.45	8.06	21.40	8.21	21.78	22.37	33.64	35.04	36.44	37.84	40.36	42.05	43.46
小计	35.91	44.87	56.99	46.60	58.94	46.76	59.32	59.91	71.18	72.58	73.98	75.38	77.90	79.59	80.99

预拌混凝土差价的计算方法:

$$预拌混凝土差价 = \sum(预拌混凝土市场价格 - 定额子目取定$$

$$混凝土价格 - 本办法扣除表中相应的费用) \times 图示工程量(m^3$$

$$或 m^2) \times 定额含量/10$$

泵送:

凡使用预拌混凝土的工程项目均按《江西省建筑工程消耗量定额及统一基价表》中的基价取费。预拌混凝土与定额混凝土的价差取费按材料差价的方法计算。在计算浇捣混凝土定额费用时，定额混凝土配合比不作调整，按定额取定配合比计价（即不按图纸设计配合比计价）。

非泵送：

非泵送混凝土仅扣除表中后台工料机费用。

软件处理方法：（现浇混凝土换算）

混凝土子目输入后，在编定额行右键【现浇混凝土转商品泵送混凝土】

2. 某工程中砖基础采用干粉砂浆，如何计取？

相关文件：【赣建价发［2009］10 号】关于发布使用干粉砂浆计价暂行办法的通知

（1）预算时定额中每立方米砂浆换算成 1.56t 干粉砂浆。结算时按实测数据换算。

（2）每立方米定额砌筑砂浆扣除定额综合工日 0.5 个，每立方米定额抹灰砂浆扣除定额综合工日 0.7 个。

（3）扣除定额灰浆搅拌机台班。

（4）每立方米定额砂浆增加其他机械费 1.50 元。

（5）使用干粉砂浆产生的差价在税前调整。

（6）各设区市造价管理站应根据干粉砂浆测算资料和市场价格行情，适时公布干粉砂浆市场信息价。

软件处理方法：（现浇砂浆转干粉砂浆）

例如套一条砌筑工程子目的，右键"现浇砂浆转干粉砂浆"。

3. 成品铝合金门窗市场价 180 元/m²，只计取税金，如何处理？

软件处理方法：

估价项目打钩，如图 3.12-1 所示。

	编码	类别	名称	估价项目	单位	工程量	单价	合价
	一		整个项目					34722.57
1	B1-2	定	填充材料上 水泥砂浆找平层 厚度20mm	☐	100m2	1.21	706.49	854.85
2	B2-4	定	墙面、墙裙石灰砂浆二遍 16mm 钢板网墙	☐	100m2	36	818.27	29457.72
3	001	补	铝合金门	☑	100m2	24.5	180	4410

图 3.12-1

打上对钩软件自动计取税金。

4. 主楼和裙楼层高不一致时超高降效如何计算？

相关文件规范：【装饰工程】第七章定额说明

装饰装修楼面（包括楼层所有装饰装修工程量）区别不同的垂直运输高度（单层建筑物系檐口高度）以人工费与机械费之和按元分别计算。（具体降效系数，详见定额本）。

软件处理方法：

计取超高降效——分楼层自由设置。

5. 某工程主楼 18 层，裙楼 6 层，给水排水工程高层建设增加费如何计算？

相关文件规范：【江西省安装消耗量定额及退役基价表（2004）】第八册《给排水、采暖、燃气工程》定额说明关于技术措施费用的说明

（1）脚手架搭拆费按人工费的 5% 计算，其中人工工资占 25%。

（2）高层建筑增加费（指高度在 6 层或 20m 以上的工业与民用建筑）按下表计算（其中全部为人工工资）：

层数	9层以下(30m)	12层以下(40m)	15层以下(50m)	18层以下(60m)	21层以下(70m)	24层以下(80m)	27层以下(90m)	30层以下(100m)	33层以下(110m)
核人工费的 %	3	5	4	8	9	10	13	16	19
层数	36层以下(120m)	39层以下(130m)	42层以下(140m)	45层以下(150m)	48层以下(160m)	51层以下(170m)	54层以下(180m)	57层以下(190m)	60层以下(200m)
核人工费的 %	22	26	29	31	34	37	40	43	46

（3）超高增加费：定额中操作高度均以 3.6m 为界限，如超过 3.6m 时，其超过部分（指由 3.6m 至操作物高度）的定额人工费乘以下列系数：

标高±(m)	3.6~8	3.6~12	3.6~16	3.6~20
超高系数	1.10	1.15	1.20	1.25

（4）安装与生产同时进行增加的费用，按人工费的 10% 计算。

（5）在有害身体健康的环境中施工增加的费用，按人工费的 10% 计算。

软件处理方法：（批量计取）

选择安装费用按钮——批量设置子目安装费用。如图 3.12-2 所示。

图 3.12-2

6. 安全文明施工费如何计取？

相关文件规范：有关建筑工程安全防护、文明施工措施费用计取的解释

省建设厅《转发建设部关于印发<建筑工程安全防护、文明施工措施费及使用管理规定>的通知》赣建办［2006］10 号文发布后，《江西省 2004 年工程定额》计费程序是否有所变化？

答：根据赣建办［2006］10 号文的规定，我们对《江西造价信息》2005 年第 5 期上刊登的《江西省二〇〇四年工程定额》计费程序进行了调整，把安全文明施工措施费和临时设施费归到安全防护、文明施工措施费之中，但这两项费用的计费基础和费率都没有变动。请按调整后的计费程序执行。（调整后的《江西省二〇〇四年工程定额》计费程序附后）

软件处理方法：（按规定计取）

7. 如果规费和税金、安全文明施工费，甚至组织措施费用都要求包含到综合单价中，如何处理？

软件处理方法：

单价构成有全费用模板，自动计取出报表。

3.13 计价实战篇—辽宁

◆ 实战热点

1. 08 定额砌筑与装饰子目未含砂浆价格，为什么还要套取砂浆的定额？

相关文件规范：根据商改发〔2007〕205 号

《商务部、公安部等关于在部分城市限期禁止现场搅拌砂浆工作的通知规定》，为了提高散装水泥的使用量，禁止在施工现场搅拌砂浆，要求使用预拌砂浆。辽宁省 2008 年定额砌筑砂浆和抹灰砂浆单列，定额只列含量，凡定额中的砂浆以（）显示的，基价中不含砂浆的价格，因此每套用一项含有砂浆和抹灰的砂浆项目的定额时，还应另套用砌筑砂浆和抹灰砂浆定额。定额中不以（）显示的，基价中含有砂浆的价格，不用再单独套用砂浆定额。

软件处理方法：

使用砂浆子目关联，如图 3.13-1 所示。

图 3.13-1

2. 实际施工铺设水泥混凝土路面，采用商品混凝土，定额中均按现场搅拌机搅拌，需要扣减搅拌机台班数量和部分人工工日，如何换算？

相关文件规范：《市政维修计价定额》第一章　道路工程

第 11 条：水泥混凝土路面均按现场搅拌机搅拌，如采用商品混凝土可换算（扣减搅拌机台班数量和 80% 人工工日）

软件处理方法：

使用商品混凝土换算。

3. 实际施工采用水泥混凝土路面，并配置热轧带肋钢筋（螺纹钢筋）φ14，定额中按无钢筋考虑，这部分钢筋费用如何计取？

相关文件规范：《市政维修计价定额》第一章　道路工程

第 5 条：水泥混凝土路面，定额中按无钢筋考虑，如设计有钢筋时，可按设计用量套用相应定额子目。

软件处理方法：

提取钢筋子目，如图 3.13-2 所示。

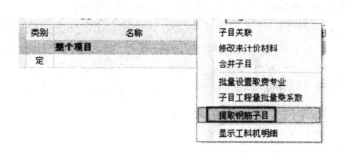

图 3.13-2

4. 接到新的工程，发现组价和之前的做过的预算书几乎相同，不想再次去套取定额了，想利用之前的预算书得组价如何实现？

软件处理方法：

查询历史工程。

5. 关于调整 2008 年《辽宁省建设工程计价定额》人工日工资单价的通知——人工费两次上调分别是 5 元、8 元，软件如何处理？

相关文件规范：辽住建［2010］36 号：关于调整 2008 年《辽宁省建设工程计价定额》人工日工资单价的通知

根据我省建筑市场人工单价的实际情况，经研究决定对 2008 年《辽宁省建设工程计价定额》中人工工资单价进行调整，调整标准为每工日增加 5 元。即原普工、技工日工资单价由 40 元/工日、55 元/工日、65 元/工日，调整为 45 元/工日、60 元/工日、70 元/工日。机械台班中的人工日工资单价也做相应调整，计入机械台班单价中。调整后的人工费、机械费作为各项费用的计取基数。人工日工资单价调整从文件发布之日起执行。招投标工程在本文件发布之日前已发出招标文件或非招投标工程已签订施工合同的，不予调整。

辽住建发［2011］5 号

关于调整《辽宁省建设工程计价定额》人工日工资单价的通知

根据我省建筑市场人工单价的实际情况，经研究决定对 2008 年《辽宁省建设工程计价定额》中人工工资单价，在 2010 年《关于调整 2008 年〈辽宁省建设工程计价定额〉人工日工资单价的通知》（辽住建［2010］36 号）文件基础上，再调增 8 元/工日。具体调整方法如下：

（1）本次人工日工资单价调整从文件发布之日起执行。

（2）本文件执行之日起以后实际完成的工程量，没有按 2010 年《关于调整 2008 年〈辽宁省建设工程计价定额〉人工日工资单价的通知》（辽住建［2010］36 号）文件规定调增 5 元/工日的，调增 13 元/工日；已调增 5 元/工日的，按照本文件规定调增 8 元/工日。

（3）机械台班中的人工日工资单价也按本文件规定调整，计入机械费。

（4）本次调整后的人工、机械费作为各项费用的取费基数。

（5）本文件执行之日以前已完成的工程量不得按本文件规定调整。

软件处理方法：

工具——预算书设置。

第 3 章　广联达 GBQ4.0 计价软件实战篇

6. 机械台班当中的燃料动力费如何找差？价差是否取费？

相关文件规范：2008 年《辽宁省建设工程计价定额》中机械台班的燃料动力费可按实调整。其调整方法为：机械台班燃料动力消耗量按 2008 年《辽宁省建设工程机械台班费用标准》中给定的燃料动力消耗量，单价按市场价格调整，差价计入材料费中。如 2008 年《辽宁省建设工程机械台班费用标准》中没有该种机械的燃料动力消耗量，则应按该种机械产品说明书中给定的理论消耗量计算。

软件处理方法：

软件费用汇总中已经含有，如图 3.13-3 所示。

代号	名称	计算基数	基数说明	费率 (%)
	直接费	A1+A2+A3	人工费+材料费+机械费	
	人工费	RGF	人工费	
	材料费	CLF+ZCF+RLDLJC	材料费+主材费+燃料动力价差	
	机械费	JXF-RLDLJC	机械费-燃料动力价差	
	燃料动力价差	RLDLJC	燃料动力价差	
	管理费	RGF+JXF-RLDLJC	人工费+机械费-燃料动力价差	12.25
	利润	RGF+JXF-RLDLJC	人工费+机械费-燃料动力价差	15.75
	风险费			
	综合成本	A+B+C+D	直接费+管理费+利润+风险费	

图 3.13-3

7. 主楼和裙楼层高不一致时超高降效如何计算？

相关文件规范：08 定额

（1）本定额包括建筑物超高增加人工、机械降效及加压水泵台班。（2）本定额适用于建筑物檐高 20m 以上的工程。（3）同一建筑物檐高不同时，按不同檐高的高度，垂直分割计算，建筑面积分别套相应定额项目。

软件处理方法：

自动计取超高降效，如图 3.13-4 所示。

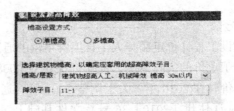

图 3.13-4

3.14 计价实战篇—内蒙古

◆ 业务热点分析

1. 安装管道中，往往需要除锈、刷油、防腐、保温等工作，可是每项算起来都很麻烦，有没有什么好的方法？

软件处理方案：安装子目关联

快速找到关联定额，工程量自动关联不需要自己手动计算。

2. 土建和装饰的超高降效如何计取？垂直运输如何计取？

软件处理方案：自动生成。

3. 定额中土方外运运距公里叠加计算、砂浆厚度叠加计算等混凝土强度等级、粒径大小等各种各样的换算，如何快速处理？

软件处理方案：批量换算，标准换算。

4. 针对 09 定额下发的相关造价文件都有哪些？

内建造总字［2010］10 号

（1）商品混凝土价格中，不包括运输费和泵送费的，每立方米商品混凝土按 60 元计入单位工程或分部分项工程（指采用工程量清单计价的）人工、机械费内，作为计取管理费、利润和通用措施项目费的基础（其中：人工费 40 元、机械费 20 元）。

（2）商品混凝土价格中，已包括运输费和泵送费的，每立方米商品混凝土按 90 元计入单位工程或分部分项工程（指采用工程量清单计价的）人工、机械费内，作为计取管理费、利润和通用措施项目费的基础（其中：人工费 40 元、机械费 50 元）。

软件处理方案：

针对文件当中的取费调整，软件自动计算，无须手动调整。

5. 内建造总字［2010］16 号"沥青混凝土配合比调整表"中的人工费与机械费之和作为计取管理费、利润和通用项目措施费等费用的基础，如何处理？

软件处理方案：

沥青混凝土材料的增加，在套价的过程中遇到沥青混凝土是需要计入到取费程序当中的，软件自动计算，无须手动调整。

6. 甲方要求使用全费用综合单价，把措施费或者规费、税金等费用计入到综合单价当中，如何处理？

软件处理方案：

载入模版，随意修改费用。

7. 安装、土建、装饰的工程全做在一个单位工程里了，能快速按各专业输出报表吗？

软件处理方案：分专业出报表。

3.15 计价实战篇—江苏

◆ 实战热点

1. 标准接口选择

• 江苏 08 清单规范——光盘招投标

• 南京标准接口 08 清单规范——南京网络招投标

• 江苏——江苏 03 清单规范

新建时软件设置三个选项：（图 3.15-1）

2. 494 号文人工单价调整

江苏省住房和城乡建设厅文件（苏建价 2010 494 号文）

关于调整建筑、装饰、安装、市政、修缮加固、仿古建筑及园林工程预算工资单价的通知。

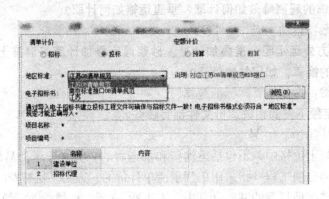

图 3.15-1

在人材机汇总界面直接点击"载入机械台班 2007 单价＋2010 年 494 号人工单价调整"即可（图 3.15-2）。

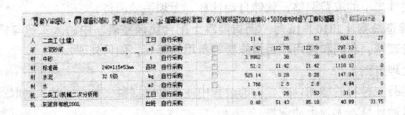

图 3.15-2

3. 取费年限选择

江苏省 2009 年 5 月 1 日之前执行老的费用文件，5 月 1 日之后出台新的费用文件，这之后的工程执行此文件。

新建工程软件提供选项：（图 3.15-3）

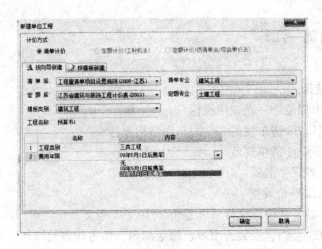

图 3.15-3

4. 现拌转预拌砂浆

根据苏建函价〔2009〕382号文，江苏地区现拌砂浆转预拌砂浆需要按文件执行，分为湿拌、干拌（袋装）、干拌（散装）（图 3.15-4）。

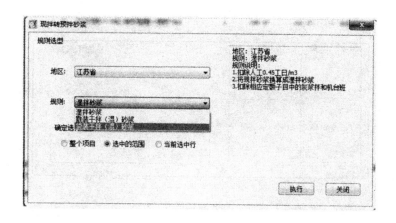

图 3.15-4

5. 大型机械进退场费

分部分项"大型机械进退场费"功能，软件自动处理（图 3.15-5）。

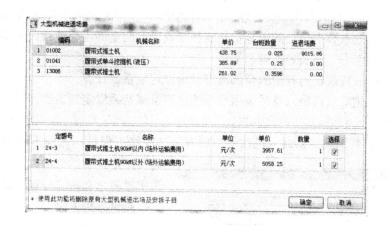

图 3.15-5

6. 垂直运输机械

江苏修缮 2009 定额总说明中规定：本计价表已按修缮工程特征，综合考虑了施工机械、垂直运输机械与人工代机械的不同作业因素，无论使用何种机械或是否使用机械等均不得换算，但檐高在 3.6m 以下的单层建筑、围墙不得计算垂直运输机械费。

在修缮专业"预算书设置"的"地区特性"里进行设置（图 3.15-6）。

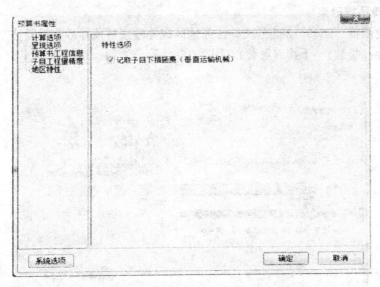

图 3.15-6

3.16　计价实战篇—宁夏

◆ 实战热点

1. 超高降效如何计算？软件如何处理？

相关文件规范：宁夏 2008 土建定额

土建 p888：超高降效按单檐高处理，有具体的清单项，不同的高度对应不同的流水码。

（1）各项降效系数中包括的内容指建筑物基础以上的全部工程项目，但不包括垂直运输、各类构件的水平运输及各项脚手架。

（2）人工降效按规定内容中的全部人工费乘以定额系数计算。

（3）吊装机械降效按第六章吊装项目中的全部机械费乘以定额系数计算。

（4）其他机械降效按规定内容中的全部机械费（不包括吊装机械）乘以定额系数计算。

装饰 p620：装饰装修楼面（包括楼层所有装饰装修工程量）区别不同的垂直运输高度（单层建筑物系檐口高度）以人工费与机械费之和按元分别计算。

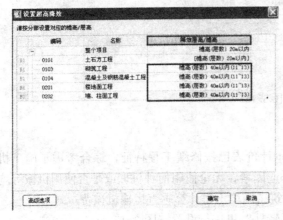

图 3.16-1

软件处理方法：

（1）分别套取 2008 土建定额子目和装饰定额子目。

（2）点工具条整理子目下的"分部整理"按钮。

（3）点工具条上超高降效下的"计取超高降效"命令，会跳出超高降效设置对话框，在"降效层高/檐高"里设置相应的超高降效，如图 3.16-1 所示。

广联达(GBQ4.0 计价软件应用及答疑解惑

（4）点确定以后，可以查看软件自动计算完毕的超高降效子目，默认在每个分部下，如图 3.16-2 所示。

图 3.16-2

2. 不同取费专业的计取费率不同，同一个工程中用到不同专业子目时，需要分别计取费用，如何处理？

软件实现方案：

（1）适用定额：宁夏 2000 系列定额和宁夏 2008 系列定额软件操作（以下用 2008 系列定额举例）。

（2）建立一份预算书，套取 08 定额土建子目，然后借用安装子目和市政子目，输入工程量；在预算书界面点右键，将"取费专业"一列显示出来，会发现软件自动将不同专业的子目取费类别已经区分开，土建子目默认显示为一般建筑工程，安装子目默认显示为安装工程，如图 3.16-3 所示。

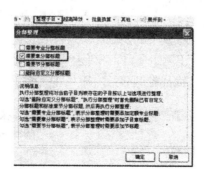

图 3.16-3

（3）进行分部整理，点工具条上的整理子目——分部整理。如图 3.16-4 所示。

图 3.16-4

（4）切换到费用汇总界面查看，软件自动按照多专业取费模板分别显示。如图 3.16-5 所示。

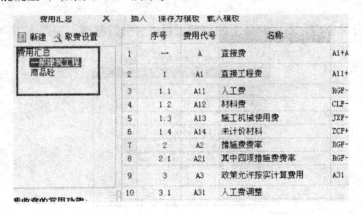

图 3.16-5

3. 商品混凝土如何处理？

相关文件规范：宁建价管［2009］第 22 号文件

文件正文：建筑工程计价定额中增加了商品混凝土项目；其综合人工工日消耗量较现场混凝土下降 63.89%～102.64%，其中所占全部混凝土工程权重较大的框架梁和板分项工程人工下降 89.5%～102.64%，2008 建设工程费用定额改以人工费为取费基数以后，没有单列商品混凝土和现场自设搅拌制作混凝土取费标准，较大地影响了商品混凝土工程和现场自设搅拌站制作混凝土的合理计价。为保持新定额与原定额水平一致，合理确定工程造价，维护建筑市场计价的稳定，现做以下统一规定：采用商品混凝土施工和现场自设搅拌站（集中搅拌）施工的混凝土构件相应定额项目，其综合费率在相应工程费用标准基础上提高 76%。

适用定额：宁夏 2008 土建定额

软件实现方案：

应用一：定额模式下的处理

（1）分别套取正常混凝土子目和商品混凝土子目，调用"取费专业"一列，软件自动将商品混凝土的取费分开，如图 3.16-6 所示。

图 3.16-6

（2）切换到费用汇总界面，软件已经默认好两个费用文件，一个为"一般建筑工程"，一个为"商品混凝土"，如图 3.16-7 所示。

图 3.16-7

(3) 查看商品混凝土的取费情况，软件里已经做好了商品混凝土的模板，取费基数为"人工费 * 1.76"。如图 3.16-8 所示

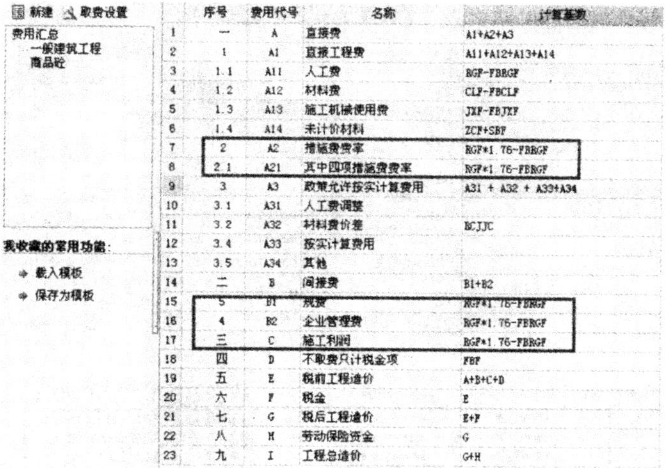

	序号	费用代号	名称	计算基数
1	一	A	直接费	A1+A2+A3
2	1	A1	直接工程费	A11+A12+A13+A14
3	1.1	A11	人工费	RGF-FBRGF
4	1.2	A12	材料费	CLF-FBCLF
5	1.3	A13	施工机械使用费	JXF-FBJXF
6	1.4	A14	未计价材料	ZCF+SBF
7	2	A2	措施费费率	RGF*1.76-FBRGF
8	2.1	A21	其中四项措施费费率	RGF*1.76-FBRGF
9	3	A3	政策允许按实计算费用	A31 + A32 + A33+A34
10	3.1	A31	人工费调整	
11	3.2	A32	材料费价差	BCJJC
12	3.4	A33	按实计算费用	
13	3.5	A34	其他	
14	二	B	间接费	B1+B2
15	5	B1	规费	RGF*1.76-FBRGF
16	4	B2	企业管理费	RGF*1.76-FBRGF
17	三	C	施工利润	RGF*1.76-FBRGF
18	四	D	不取费只计税金项	FBF
19	五	E	税前工程造价	A+B+C+D
20	六	F	税金	E
21	七	G	税后工程造价	E+F
22	八	H	劳动保险资金	G
23	九	I	工程总造价	G+H

图 3.16-8

应用二：清单模式下的处理（清单模式下，商品混凝土的管理费利润、措施费、规费、税金全部需要提高 1.76）

(1) 正常套取清单，套取一般子目和商品混凝土子目

分部分项单价构成里，商品混凝土子目的管理费和利润需要提高 1.76，软件已默认好模板。如图 3.16-9 所示。

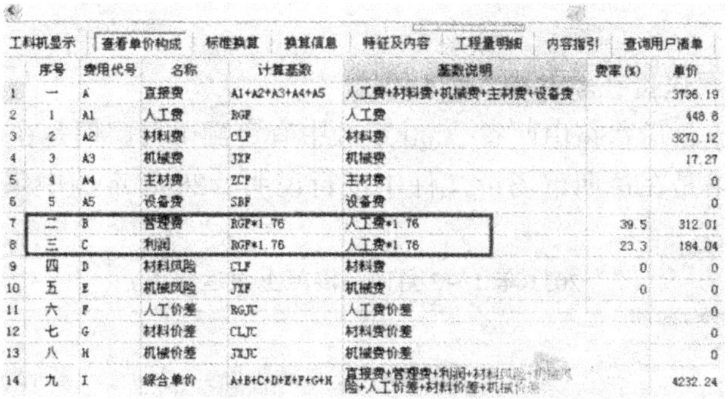

	序号	费用代号	名称	计算基数	基数说明	费率(%)	单价
1	一	A	直接费	A1+A2+A3+A4+A5	人工费+材料费+机械费+主材费+设备费		3736.19
2	1	A1	人工费	RGF	人工费		448.8
3	2	A2	材料费	CLF	材料费		3270.12
4	3	A3	机械费	JXF	机械费		17.27
5	4	A4	主材费	ZCF	主材费		0
6	5	A5	设备费	SBF	设备费		0
7	二	B	管理费	RGF*1.76	人工费*1.76	39.5	312.01
8	三	C	利润	RGF*1.76	人工费*1.76	23.3	184.04
9	四	D	材料风险	CLF	材料费	0	0
10	五	E	机械风险	JXF	机械费	0	0
11	六	F	人工价差	RGJC	人工费价差		0
12	七	G	材料价差	CLJC	材料费价差		0
13	八	H	机械价差	JXJC	机械费价差		0
14	九	I	综合单价	A+B+C+D+E+F+G+H	直接费+管理费+利润+材料风险+机械风险+人工价差+材料价差+机械价差		4232.24

图 3.16-9

(2) 措施界面里，所有的取费基数 RGF+SPTZM _ RGF * 1.76（人工费+商品混凝土人工费 * 1.76）。如图 3.16-10 所示。

(3) 计价程序里：规费和税金同样用代码"RGF+SPTZM _ RGF * 1.76"。如图 3.16-11 所示。

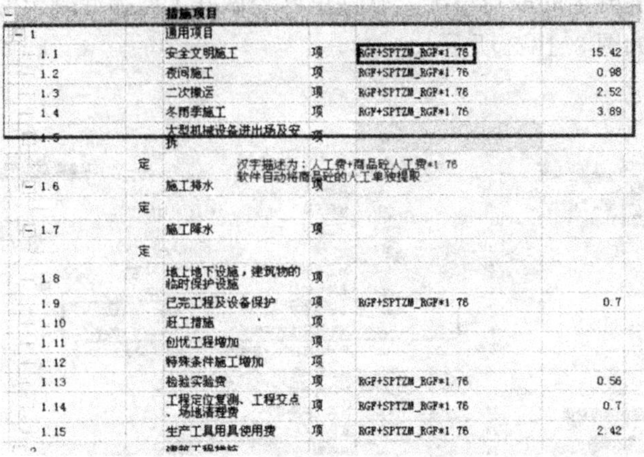

图 3.16-10

图 3.16-11

3.17 计价实战篇—山西

◆ 实战热点

预算书部分:

1. 商品混凝土泵送费在软件中如何处理?

答:商品混凝土泵送费在山西省 2000 定额中有定额子目,但是在 2005 定额中没有定额子目,泵送费价格是在每期市场价文件中进行说明,2005 定额中泵送费以补充子目形式进行套取。如下表:

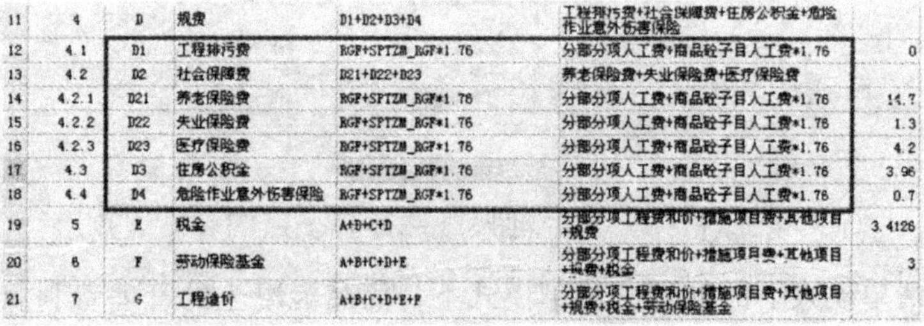

2011 年 1~2 月商品混凝土泵运费用

单位:元/10m³

输送泵或泵车泵送混凝土 檐口高度(m)以内							
20	30	50	75	100	125	150	150 以上
201.47	210.49	229.95	261.43	293.57	327.96	363.86	401.16

注:混凝土泵送费用中已含商品混凝土厂计取的综合费用,但未计定额损耗。

软件实现:

GBQ4.0 软件中,已经将泵送费补充子目内置,只需进行查询子目,就可以在第四章

第五节的商品混凝土泵送费用补充定额中查到，并套取使用。如图 3.17-1 所示。

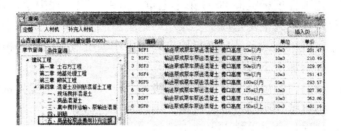

图 3.17-1

2. 商品混凝土如何取费？

《2005 年山西省建设工程计价依据　问题解答》费用定额第十四问：商品混凝土如何取费？

答：按下列计费程序取费

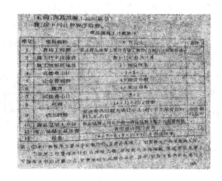

软件实现：

软件中的处理：内置商品混凝土只取税金费用模板，无需再次进行调整。如图 3.17-2 所示。

序号	费用代号		名称	计算基数	基数说明	费率（%）
1	1	F1	直接工程费	ZJF-FBF_1_TSJ	直接费-分包预算价直接费1	
2		F2	材料检验试验费	CLF+JSCS_CLF -FBCLF_1_YSJ	材料费+技术措施项目材料费-分包预算价材料费1	0.2
3	2	F3	施工技术措施费	JSCSF	技术措施项目合计	
4	3	F4	施工组织措施费	ZZCSF	组织措施项目合计	
5	4	F5	直接费小计	F1+F2+F3+F4	直接工程费+材料检验试验费+施工技术措施费+施工组织措施费	
6	5	F6	企业管理费	F5-SPTBSF	直接费小计-商品砼泵送费	9
7	6	F7	规费	F8+F9+F10+F11+F12+F13	其中：养老保险费+失业保险费+医疗保险费+工伤保险费+住房公积金+危险作业意外伤害保险	
8	6.1	F8	其中：养老保险费	F5-SPTBSF	直接费小计-商品砼泵送费	5.2
9	6.2	F9	失业保险费	F5-SPTBSF	直接费小计-商品砼泵送费	0.3
10	6.3	F10	医疗保险费	F5-SPTBSF	直接费小计-商品砼泵送费	1.1
11	6.4	F11	工伤保险费	F5-SPTBSF	直接费小计-商品砼泵送费	0.15
12	6.5	F12	住房公积金	F5-SPTBSF	直接费小计-商品砼泵送费	1.5
13	6.6	F13	危险作业意外伤害保险	F5-SPTBSF	直接费小计-商品砼泵送费	0.2
14	7	F14	间接费小计	F6+F7	企业管理费+规费	
15	8	F15	利润	F5+F14-SPTBSF	直接费小计+间接费小计-商品砼泵送费	8
16	9	F16	动态调整	RCJJC	人机价差	
17	10	F17	只取税金项目	FBF_1_YSJ+JXFTC+（JXBGF+ZCS_RGF）*0.44+CLJC*0.002	分包预算价直接费1+机械调整+（其余人工费+组织措施人工费）*0.44+材料调整*0.002	
18	11	F18	主材费	ZCF+SBF	主材费+设备费	
19	12	F19	税金	F5+F14+F15+F16+F17+F18	直接费小计+间接费小计+利润+动态调整+只取税金项目+主材费	3.41
20			工程造价	F5+F14+F15+F16+F17+F18+F19	直接费小计+间接费小计+利润+动态调整+只取税金项目+主材费+税金	

图 3.17-2

3. 修缮土建中小型机械增加费如何快速处理？

太原市修缮土建工程预算定额 2005 第十七章　分部分项工程中小型机械增加费说明

（1）修缮工程预算定额主要是以手工操作的施工方法编制的，定额中除个别章节列入了大型机械和中小型机械外，大部分项目均未列入中小型机械，因此，根据修缮工程的特点，按分部分项工程增加中小型机械使用费。

（2）中小型机械的内容包括：夯实、振捣机械，砂浆、混凝土搅拌机械，机动翻斗车运输机械，木作加工机械，切削及焊接机械，钢筋加工机械等。

（3）中小型机械增加费以定额人工费为计费基础。

案例

某修缮工程中，新做砌体墙体积为 679.45m³，其中中小型机械增加费如何处理？

软件实现：

软件中直接查询定额套取即可，中小型机械增加费定额工程量会自动计算。另外中小型机械增加费以定额人工费为计费基础，中小型机械增加费定额工程量自动合计未含中小型机械子目的人工费合计作为取费基数。如图 3.17-3 所示。

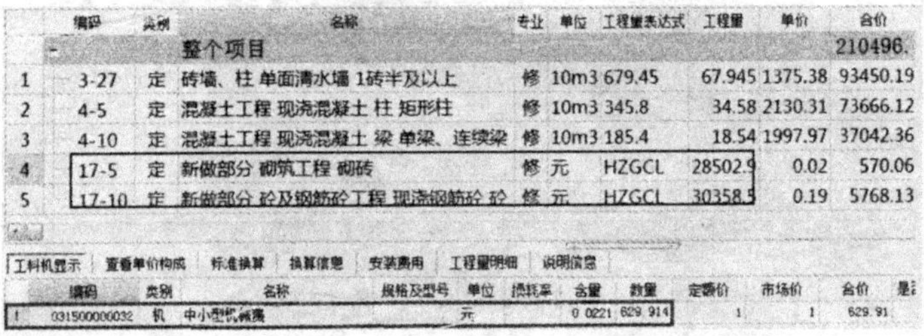

图 3.17-3

4. 拆除工程中，污土外运如何处理？

太原市修缮土建工程预算定额 2005 第十六章　说明

污土运输所用的人工及机械台班使用量已按拆除工程中常规项目虚方体积综合取定，不论实际情况如何，均不得换算。

工程量计算规则：

土方运输工程量按整个单位工程中需外运和内运的土方量一并考虑。其距离按单位工程中心点至弃土（或取土）场的中心点计算，余土或取土的工程量按下列方法计算：

余土运输体积＝挖土体积－回填土体积

取土运输体积＝回填土体积－挖土体积（系指挖土少于回填土者）

建筑污土按虚方体积以立方米计算。

案例：某拆除工程，拆除砖墙体积量为 1432.56m³、拆除混凝土梁、柱体积为 856.14m³，其中拆墙产生污土量为 1862.32m³，拆梁、柱产生污土量为 1284.21m³。

污土外运如何快速处理？

软件实现：

软件中直接套取定额，软件会自动合计拆除定额子目中所含污土的工程量，不需要手工输入工程量。如图 3.17-4 所示。

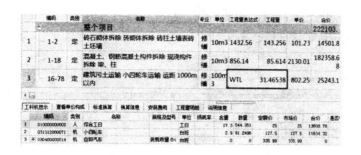

图 3.17-4

措施项目部分：

1. 土建专业如何快速计取超高降效？

山西省建筑装饰工程消耗量定额（2005）第十五章　建筑物超高增加费定额　说明

建筑物超高人工、机械降效率

工作内容：

（1）工人上下班降低工效、上楼工作前休息及自然休息增加的时间。

（2）垂直运输影响的时间。

（3）由于人工降效引起的机械降效。

工程量计算规则：

各项降效系数中包括的内容指建筑物基础以上的全部工程项目，但不包括垂直运输、各类构件的水平运输及各项脚手架。

（1）人工降效按规定内容中的全部人工费乘以定额系数计算。

（2）其他机械降效按规定内容中的全部机械费（不包括吊装机械）乘以定额系数计算。

案例

某高层檐高为 63.8m，地上层数 20 层，超高降效如何计取？

软件实现：

点击超高降效，设置檐高/层高（图 3.17-5），软件自动计算，并且会自动计取到措施项目。如图 3.17-6 所示。

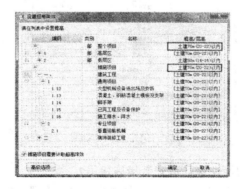

图 3.17-5

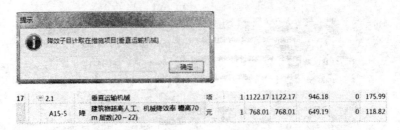

图 3.17-6

2. 同一建筑物高度不同时，如何快速计取超高降效？

山西省建筑装饰工程消耗量定额（2005）第十五章　建筑物超高增加费定额工程量计算规则　说明

四、同一建筑物高度不同时，按不同高度的建筑面积，分别按相应子目计算。

案例

某建筑物为高低层，高层檐高为 65.8m，层数 20；低层檐高为 42.5m，层数 15，此建筑物超高降效如何计取？

软件实现：

通过分部整理，将高层和低层分成两个分部，然后分别设置各个分部的檐高/层高，软件会自动分开计取不同高度的超高降效。

（1）进行分部整理（图 3.17-7）

图 3.17-7

（2）设置超高降效（图 3.17-8）

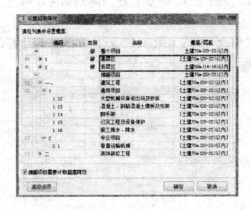

图 3.17-8

3. 安装专业中如何灵活快速计取安装措施费用？

山西省安装工程消耗量定额 2005 第八册《给排水、采暖、燃气工程》说明

（1）脚手架搭拆费可参照人工费的5％计算，其中人工工资占25％。

（2）高层建筑增加费（指高度在6层或20m以上的工业与民用建筑）可参照下表计算。

层数	9层以下（30m）	12层以下（40m）	15层以下（50m）	18层以下（60m）	21层以下（70m）	24层以下（80m）	27层以下（90m）	30层以下（100m）	33层以下（110m）
按人工费的％	2	3	4	6	8	10	13	16	19
层数	36层以下（120m）	39层以下（130m）	42层以下（140m）	45层以下（150m）	48层以下（650m）	51层以下（170m）	54层以下（180m）	57层以下（190m）	60层以下（200m）
按人工费的％	22	25	28	31	34	37	40	43	46

（3）超高增加费：定额中操作高度均以3.6m为界限，如超过3.6m时，其超过部分（指由3.6m至操作高度）的定额人工费可参照下表计算。

标高±（m）	3.6～8	3.6～12	3.6～16	3.6～20
超高系数	1.10	1.15	1.20	1.25

（4）采暖工程系统调整费可参照采暖工程人工费的15％计算，其中人工工资占20％。

（5）设置于管道间、管廊内的管道、阀门、法兰、支架安装，人工乘以系数1.3。

（6）主体结构为现场浇筑采用大钢模施工的工程，内浇外砌的人工乘以系数1.03。

山西省安装工程消耗量定额2005第二册《电气设备安装工程》说明

（1）脚手架搭拆费（10kV以下架空线路除外）可参照人工费的4％计算，其中人工工资占25％。

（2）工程超高增加费（已考虑了超高因素的定额项目除外）：操作物高度离楼地面5m以上、20m以下的电气安装工程，可参照超高部分人工费的33％计算。

（3）高层建筑增加费（指高度在6层或20m以上的工业与民用建筑）可参照下表计算。

层数	9层以下（30m）	12层以下（40m）	15层以下（50m）	18层以下（60m）	21层以下（70m）	24层以下（80m）	27层以下（90m）	30层以下（100m）	33层以下（110m）
按人工费的％	1	2	4	6	8	10	13	16	19
层数	36层以下（120m）	39层以下（130m）	42层以下（140m）	45层以下（150m）	48层以下（650m）	51层以下（170m）	54层以下（180m）	57层以下（190m）	60层以下（200m）
按人工费的％	22	25	28	31	34	37	40	43	46

（4）安装与生产同时进行时，可参照安装工程总人工费增加10％。

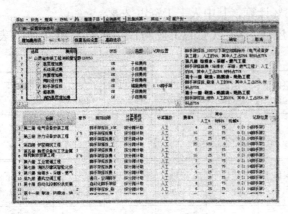

图 3.17-9

（5）在有害人身健康的环境（包括高温、多尘、噪声超过标准和有害气体等有害环境）中施工时，可参照安装工程总人工费增加 10%。

软件实现：

设置安装费用，分别将需要计取的安装费用打上对勾，确定即可。软件会自动计算各个专业的安装费用，并且可以根据不同要求来设置类型是子目费用（计取到预算书下）还是措施费用（计取到措施项目中）；还可根据要求来设置不同专业的费率。如图 3.17-9 所示。

人才机汇总部分：

1. 询价部门把价格以电子表格形式发过来，能否应用到软件中？

名称	规格型号	单位	单价
螺纹钢	HRB335　12mm	t	4250
螺纹钢	HRB335　14mm	t	4250
螺纹钢	HRB335　16mm	t	3950
螺纹钢	HRB335　22mm	t	3950
其他锯材		m³	1400
矿渣硅酸盐水泥	325#	t	320
矿渣硅酸盐水泥	32.5级	t	350
碎石	5～15mm	m³	87
碎石	5～31.5m	m³	87
碎石	5～40m	m³	87
生石灰		t	220
镀锌铁丝	0.7mm(22#)	kg	6
电焊条	结422 4mm	kg	5.2
柴油		kg	7.5
草袋		m²	1.85

答：在人材机汇总中导入 Excel 市场价即可。

2. 如何快速设置主要材料？

软件实现：

软件中内置"自动设置主要材料"和"从人材机汇总选择"两种方式，可根据不同要求自行选择设置主要材料的方式。如图 3.17-10 所示。

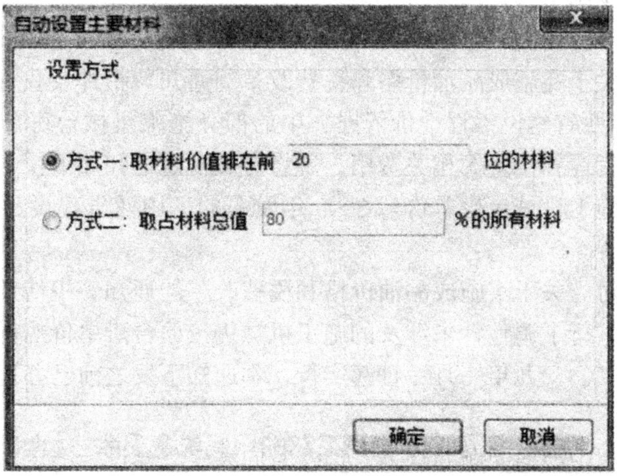

图 3.17-10

部分费用汇总：

1. 工程中补充定额应用广泛，如：签证工，如何取费？

《山西省建设工程费用定额（2005）》有关问题的规定

签证工：系指建设单位向施工单位借用工人，完成属于建设单位自行负责的工程，以及施工前期属于建设单位负责的准备工作而交由施工单位代行完成的用工。签证工除可计取税金外，不得计取其他各项费用。

软件实现：

软件中内置分包费，只需要在预算书界面下设置为"分包费1"，软件默认"分包费1"为只取税金项目，取费模板已经内置，无需更改。如图 3.17-11 所示。

序号	费用代号	名称	计算基数	基数说明	费率(%)
1	1	F1	直接工程费	ZJF+FBF_1_YSJ	直接费-分包预算价直接费1	
2		F2	材料检验试验费	CLF+JSCS_CLF+FBCLF_1_YSJ	材料费+技术措施项目材料费-分包预算价材料费1	0.2
3	2	F3	施工技术措施费	JSCSF	技术措施项目合计	
4	3	F4	施工组织措施费	ZZCSF	组织措施项目合计	
5	4	F5	直接费小计	F1+F2+F3+F4	直接工程费+材料检验试验费+施工技术措施费+施工组织措施费	
6	5	F6	企业管理费	F5-SFTBSF	直接费小计-商品砼泵送费	9
7	6	F7	规费	F8+F9+F10+F11+F12+F13	其中：养老保险费+失业保险费+医疗保险费+工伤保险费+住房公积金+危险作业意外伤害保险	
8	6 1	F8	其中：养老保险费	F5-SFTBSF	直接费小计-商品砼泵送费	5.2
9	6 2	F9	失业保险费	F5-SFTBSF	直接费小计-商品砼泵送费	0.3
10	6 3	F10	医疗保险费	F5-SFTBSF	直接费小计-商品砼泵送费	1.1
11	6 4	F11	工伤保险费	F5-SFTBSF	直接费小计-商品砼泵送费	0.15
12	6 5	F12	住房公积金	F5-SFTBSF	直接费小计-商品砼泵送费	1.5
13	6 6	F13	危险作业意外伤害保险	F5-SFTBSF	直接费小计-商品砼泵送费	0.2
14	7	F14	间接费小计	F6+F7	企业管理费+规费	
15	8	F15	利润	F5+F14-SFTBSF	直接费小计+间接费小计-商品砼泵送费	8
16	9	F16	动态调整	RCJJC	人材机价差	
17	10	F17	只取税金项目	FBF_1_YSJ+JKFTC+(JXBGF+ZZCS_RGF)*0.4+CLJC*0.002	分包预算价的直接费+机械费+(脚手架人工费+组织措施人工费)*0.4+材料价差*0.002	
18	11	F18	主材费	ZCF+SBF	主材费+设备费	
19	12	F19	税金	F5+F14+F15+F16+F17+F18	直接费小计+间接费小计+利润+动态调整+只取税金项目+主材费	3.41
20			工程造价	F5+F14+F15+F16+F17+F18+F19	直接费小计+间接费小计+利润+动态调整+只取税金项目+主材费+税金	

图 3.17-11

2. 工程中，费用汇总的只取税金项目为负数，为什么？

关于调整《山西省建设工程计价依据》中部分施工机械台班单价的通知

文号：晋建标定函字［2009］11 号

各有关单位：

根据国务院《关于实施成品油价格和税费改革的通知》精神及我省有关规定，经研究决定对 2005 年《山西省建设工程计价依据》中的部分施工机械台班单价进行调整，取消公路养路费、公路货运补偿费等相关费用。现将有关规定通知如下：

一、调整后的施工机械台班单价与 2005 年发布的《山西省建设工程计价依据》配套使用。

二、本通知只对《关于实施成品油价格和税费改革的通知》中涉及的施工机械台班单价的其他费用标准进行了调整，未涉及的施工机械仍按原台班单价执行。

三、本通知自二〇〇九年一月一日起实行，本通知下发之前已办理竣工结算的工程不再调整。

四、在执行过程中如遇问题和意见，请及时向省工程建设标准定额站反映。

附件：施工机械台班单价调整表

案例：如图 3.17-12 所示，只取税金项目合计为 -1351.23，为什么会出现负数呢？

序号	费用代号	名称	计算基数	基数说明	费率(%)	金额
1	1 F1	直接工程费	CLF+FBF_1_YSJ	直接费=分包预算价[直接费1]		2,013,750.03
2	F2	材料检验试验费	CLF+JSCS_CLF+FBCLF_1_YSJ	材料费+技术措施项目材料费+分包预算价[材料]	0.2	2,742.93
3	2 F3	施工技术措施费	JSCSF	技术措施项目合计		0.00
4	3 F4	施工组织措施费	ZZCSF	组织措施项目合计	104.25% 68	
5	4 F5	直接费小计	F1+F2+F3+F4	直接工程费+材料检验试验费+施工技术措施+施工组织措施费		2,120,745.64
6	5 F6	企业管理费	F5-SPTBSF	直接费小计-商品砼泵送费	9	190,867.11
7	6 F7	规费	F8+F9+F10+F11+F12+F13	其中：养老保险费+失业保险费+医疗保险费+工伤保险费+住房公积金+商业作业意外伤害保险		179,203.00
8	6.1 F8	其中：养老保险费	F5-SPTBSF	直接费小计-商品砼泵送费	5.2	110,278.77
9	6.2 F9	失业保险费	F5-SPTBSF	直接费小计-商品砼泵送费	0.3	6,362.24
10	6.3 F10	医疗保险费	F5-SPTBSF	直接费小计-商品砼泵送费	1.1	23,328.20
11	6.4 F11	工伤保险费	F5-SPTBSF	直接费小计-商品砼泵送费	0.15	3,181.12
12	6.5 F12	住房公积金	F5-SPTBSF	直接费小计-商品砼泵送费	1.5	31,811.18
13	6.6 F13	商同作业意外伤害保险	F5-SPTBSF	直接费小计-商品砼泵送费	0.2	4,241.49
14	7 F14	间接费小计	F6+F7	企业管理费+规费		370,070.11
15	8 F15	利润	F5+F14-SPTBSF	直接费小计+间接费小计-商品砼泵送费	8	199,265.26
16	9 F16	动态调整	RCJJC	人材机价差		0.00
17	10 F17	只取税金项目	FBF_1_YSJ+JXFTC+(JXGF+ZZCS_RGF)*0.44+CLJC*0.002	分包预算价[直接费1]+机械费调差+(降效人工费+组织措施人工费)*0.44+材料价差*0.002		-1,351.23
18	11 F18	主材费	ZCF+SBF	主材费+设备费		0.00
19	12 F19	税金	F5+F14+F15+F16+F17+F18	直接费小计+间接费小计+利润+动态调整+只取税金项目+主材费	3.41	91,685.69
20		工程造价	F5+F14+F15+F16+F17+F18+F19	直接费小计+间接费小计+利润+动态调整+只取税金项目+主材费+税金		2,780,415.47

图 3.17-12

只取税金项目＝分包预算价直接费 1＋机械费调差＋（降效人工费＋组织措施人工费）×0.44＋材料价差×0.002

其中：分包预算价直接费 1 为 0，机械费调差通过人材机汇总查看得知为 -10525.47（图 3.17-13），降效人工费为 0，组织措施费为 20850.54。最后通过计算得出：

$$0+(-10525.47)+(0+20850.54)\times0.44+0=-1351.23$$

软件实现：

不需要手动调整任何内容，软件已经内置好，自动进行计算。

编码	实例	名称	规格型号	单位	价值	价差合计	供货方式	甲供数量	市场价锁定	输出样记	机械费调整
5 0209100300	材	碎石	5~40mm	m3	0	0	自行采	0		☑	
6 0209340200	材	中(粗)砂		m3	0	0	自行采	0		☑	
7 0209400100	材	生石灰		t	0	0	自行采	0		☑	
8 0213280100	材	加气混凝土		m3	0	0	自行采	0		☑	
9 0215010100	材	镀锌铁丝	0.7mm(22#)	t	0	0	自行采	0		☑	
10 0223560200	材	草袋		m2	0	0	自行采	0		☑	
11 0242010000	浆	现浇混凝土	碎石5~31.5	m3	0	0	自行采	0		☑	
12 0242010000	浆	现浇混凝土	碎石5~40m	m3	0	0	自行采	0		☑	
13 0242010000	浆	现浇混凝土	碎石5~40m	m3	0	0	自行采	0		☑	
14 0242090100	浆	综合砂浆	M5(325#)	m3	0	0	自行采	0		☑	
15 0242100300	浆	水泥砂浆	1:2 325#	m3	0	0	自行采	0		☑	
16 0509010200	材	机砖	240mm×115	块	0	0	自行采	0		☑	
17 0509340300	材	水洗中(粗)砂		m3	0	0	自行采	0		☑	
18 0523040100	材	工程用水		m3	0	0	自行采	0		☑	
19 0223070300	机	柴油		kg	0	0	自行采	0		☑	
20 0301000000	机	履带式推土机	功率(60kW)	台班	0	0	自行采	0		☑	
21 0301000000	机	履带式推土机	功率(75kW)	台班	0	0	自行采	0		☑	
22 0301000000	机	履带式单斗挖掘机	机械 4容	台班	0	0	自行采	0		☑	
23 0304000000	机	自卸汽车	装载质量(8	台班	0	0	自行采	0		☑	-10525.47
24 0304000000	机	机动翻斗车	装载质量(1	台班	0	0	自行采	0		☑	
25 0306000000	机	灰浆搅拌机	拌筒容量(2	台班	0	0	自行采	0		☑	
26 0313060000	机	滚筒式混凝土搅拌机	电动 出料	台班	0	0	自行采	0		☑	
27 0313060000	机	混凝土震捣器插入式		台班	0	0	自行采	0		☑	
28 0313060000	机	混凝土震捣器平板式		台班	0	0	自行采	0		☑	
29 0315000000	机	折旧费		元	0	0	自行采	0		☑	

图 3.17-13

3.18 计价实战篇—陕西

◆ 实战热点

1. 预拌砂浆，如何进行换算？

相关文件规范：《2004 陕西省建筑装饰工程消耗量定额》、《2004 陕西建设工程消耗量定额补充定额》

价目表中的砂浆单价是按现场搅拌砂浆考虑的，若施工现场使用预拌砂浆时，按下列办法调整：

（1）消耗量按《陕西省建筑装饰工程补充消耗量定额及勘误》的有关规定调整。

（2）预拌砂浆单价可按当时市场信息价格计算。

具体规定：

工程使用预拌砂浆时，在执行消耗量定额时，需对相应定额子目作如下调整：

（1）砌筑工程中，不分砌筑砂浆种类，相应定额子目内每立方米砂浆扣除人工 0.69 工日；抹灰工程中，不分抹灰砂浆种类，相应定额子目内每立方米砂浆扣除人工 1.10 工日。

（2）相应定额子目内"灰浆搅拌机 200L"的台班消耗量全部扣除。

（3）砂浆数量不变，将现场制拌砂浆配合比改为预拌砂浆。

软件处理方法：（自动计算）

相应的砂浆子目输入后，在预算书界面点击右键，选择现场制拌砂浆转换预拌砂浆。如图 3.18-1 所示。

所有含砂浆子目自动转换预拌砂浆。

2. 市政专业在套用含生石灰材料的定额时，需要对生石灰进行消解？软件如何处理？

软件处理方法：

在软件中，套取完定额后，如果需要对含生石灰的子目进行消解换算时，软件单独增加了一条消解石灰的定额，直接套取在该条子目下面，软件就能快速准确处理。

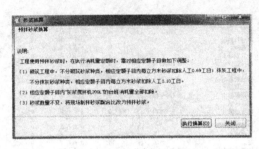

图 3.18-1

3. 超高降效如何设置?

相关文件规范:

陕西 04 消耗量定额补充定额 (P147)

陕西 04 消耗量定额下 (P105)

建筑物超高有两个指标:即檐高和层数,执行子目以满足一个指标为准。

若主体和装饰不是同一施工单位施工,而由两个施工单位承包时,装饰工程按装饰工程的超高降效系统计算,而主体施工企业在计算超高降效时应乘以系数 0.85。

同一建筑物高度不同时,其套用定额的计算高度可按不同高度的各自建筑面积按下式计算,计算高度超过 20m 以上时套用相应步距的定额。

计算高度(m)=(高度①×面积①+高度②×面积②+…)/总建筑面积

软件处理方法:(自动计算)

(1) 在分部分项页面编制好所有清单及定额子目后,点击设置超高降效按钮;软件可以快速自动设置计算,并分配到措施项目中。如图 3.18-2 所示。

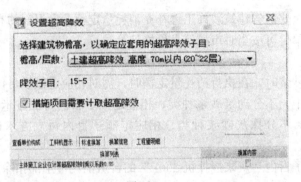

图 3.18-2

(2) 在措施项目界面自动套取出相应定额及工程量。如图 3.18-3 所示。

图 3.18-3

4. 安全文明施工费如何计算?

相关文件规范:

陕 04 计价规则

陕建发〔2007〕232 号文件

安全文明施工措施费：房屋建筑工程由原分部分项工程费的 1.4% 调整为分部分项工程费、措施项目费、其他项目费之和的 2.6%；市政工程、园林绿化工程由原分部分项工程费的 1.4% 调整为分部分项工程费、措施项目费、其他项目费之和的 1.8%。

软件处理方法：

软件中费率文件已经内置，处理方法已经在软件内设置完成，可以直接智能计取，并且安全文明施工费在措施费中单列，软件在费用文件中已经表明！

3.19 计价实战篇—四川

◆ 实战热点

1. 四川省广联达计价软件是否有评标接口？

相关文件规范：川建发〔2009〕60 号

关于使用《四川省房屋建筑和市政工程工程量清单招投标报价辅助评审系统》软件的通知：凡经我厅评审通过的工程量清单计价软件均与该《评审软件》实现了对接，各地应在工程招标投标报价中采用电子标书，以利于在评审工作中使用该《评审软件》进行报价评审。

软件处理方法：自动生成

四川地区绵阳已经做了评标接口。在项目管理界面，通过发布招标书/发布标底功能，可以自动生成电子投标书/招标书。如图 3.19-1 所示。

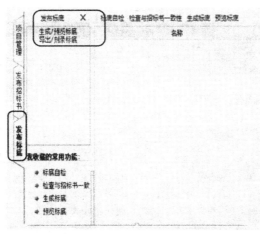

图 3.19-1

2. 图 3.19-2 中，两种项目编码的区别是什么？

图（a）是国标编码，图（b）是自然编码。四川的用户在操作计价软件时，因为对清单编码的理解不同，逐渐形成了一种有别于国标清单编码的编码体系，也就是四川的自然顺序编码。

相关文件规范：《清单计价规范》GB 50500—2008

3.23 分部分项工程量清单的项目编码，应采用十二位阿拉伯数字表示。一至九位应按附录的规定设置，十至十二位应根据拟建工程的工程量清单项目名称设置。

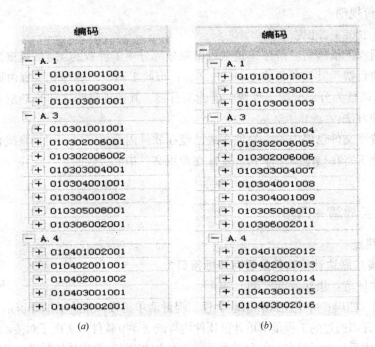

图 3.19-2

软件处理方法：两种编码都内置

在预算书设置——地区特性中增加了国标清单编码和自然顺序编码的切换。如图 3.19-3 所示。

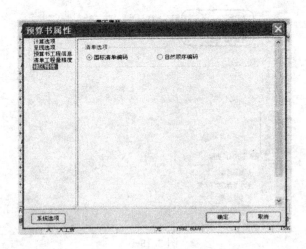

图 3.19-3

3. 工程中所需的预拌砂浆，在软件中如何处理？

相关文件规范：成建价［2008］10 号，《预拌砂浆补充定额说明及计算规则》

成建价［2008］10 号：房屋建筑和市政基础设施工程使用预拌砂浆，可按现行四川省工程计价定额中现场拌制砂浆相应定额子目进行套用和换算，并按以下办法对人工费、材料费和机械费进行调整。

上述调整办法同时适用于四川省 2000 计价定额和四川省 2004/2008 清单计价定额的相应子目。

《预拌砂浆补充定额说明及计算规则》：本补充定额补充了 2009 年《四川省建设工程工程量清单计价定额》中主要和常用的预拌砂浆项目，在执行中如遇 2009 年《四川省建设工程工程量清单计价定额》中的非预拌砂浆的项目实际使用预拌砂浆的，而本补充定额未编制的，依据 2009 年《四川省建设工程工程量清单计价定额》按以下规定进行换算。

软件处理方法：自动换算

（1）软件将两种换算都已经内置，可以进行选择。如图 3.19-4 所示。

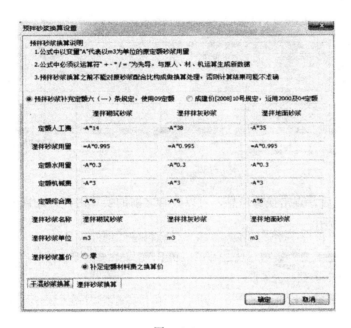

图 3.19-4

（2）在预拌砂浆换算时，选择预拌砂浆换算方式，软件会按照换算规则换算。如图 3.19-5 所示。

图 3.19-5

4. 实际施工中需要将柱子中塑性混凝土（中砂）砾石最大粒径 40mm 的 C25 混凝土换成 31.5mm 的 C25 混凝土，软件中如何快速处理？

相关文件规范：《四川 2009 定额计算规则》

第 A 章册说明 二、本定额的混凝土和砂浆强度等级，如设计要求与定额不同时，允许按附录换算，但定额中各种配合比的材料用量不得调整。三、本定额的混凝土和砂浆是按中（细）砂、特细砂编制，计算时应按实际使用砂的种类分别套用相应定额项目。

软件处理方法：标准换算

（1）在分部分项界面，点击标准换算功能，选择换算内容，软件自动换算。如图 3.19-6所示。

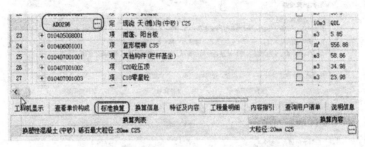

图 3.19-6

（2）换算完成后，点击换算信息，可以查看之前的换算内容，并且可进行删除换算操作。如图 3.19-7 所示。

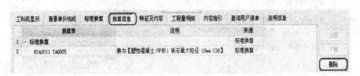

图 3.19-7

5. 依据川建价发［2010］42 号文件，成都青羊区的人工费调整为 69%，软件中如何调整？

相关文件规范：川建价发［2010］42 号

成都市等 17 个市、州 2009 年《四川省建设工程工程量清单计价定额》人工费调整幅度及计日工人工单价

此次批准的人工费调整幅度和计日工人工单价从 2011 年 1 月 1 起与 2009 年《四川省建设工程工程量清单计价定额》配套执行。

序号	地区	本次调整后人工费调整幅度			本次调整后人工费调整幅度与工费调整幅度整值		
		建筑、市政、园林绿化、抹灰工程、措施项目	装饰工程（抹灰工程除外）	安装工程	建筑、市政、园林绿化、抹灰工程、措施项目	装饰工程（抹灰工程除外）	安
1-1	成都市	成都市区（青羊、锦江、金牛、武侯、成华及高新区）	69%	75%	76%	23%	27%	
		近郊区（龙泉、新都、双流、郫县、温江）	65%	71%	72%	21%	26%	

软件处理方法：直接输入

在单价构成中，直接输入人工费费率，软件自动按照改费率计算。如图 3.19-8 所示。

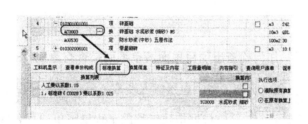

图 3.19-8

6. 实际工程中，弧形墙人工费需要乘以系数 1.1，砖用量需要乘以系数 1.025，在软件中如何快速计取？

相关文件规范：《四川 2009 定额计算规则》

第 A.C 章一、（四）砖（石）墙身、基础如为弧形时，按相应项目人工费乘以系数 1.1。砖用量乘以系数 1.025。

软件处理方法：标准换算、直接输入两种方法。

方法一：

（1）在分部分项界面，选择当前需要换算的定额，点击标准换算，勾选换算内容。如图 3.19-9 所示。

图 3.19-9

（2）换算完成后，点击换算信息，可以查看之前的换算内容，并且可进行删除换算操作。如图 3.19-10 所示。

	工料机显示	查看单价构成	标准换算	换算信息	特征及内容	工程量明细	内容指引	查询用户清单
	换算串				说明			来源
1	Ins MX0004-101 1.14			插入人材机MX0004-101（水）				工料机显示

图 3.19-10

第 3 章 · 广联达 GBQ4.0 计价软件实战篇

方法二：可以在需要换算的定额行直接输入，例如人工费需要乘以系数1.1，在定额后面直接输入空格R*1.1即可，机械费（J）、材料费（C）以同样的方法处理。

7. 四川省的安全文明施工费的费率为什么会乘以 2？

相关文件规范：《四川 2009 定额计算规则》，川建发［2011］6 号

第 E 章　措施项目说明册说明三、1：在编制招标控制价（标底）、投标报价时应足额计取，即文明施工、安全施工、临时设施费费率按基本费费率加现场评价费最高费率计列。

$$文明施工费费率＝文明施工基本费费率×2$$
$$安全施工费费率＝安全施工基本费费率×2$$
$$临时设施费费率＝临时设施基本费费率×2$$

川建发［2011］6 号：依据《四川省建设工程安全文明施工费计价管理办法》，安全文明施工费分基本费、现场评价费两部分计取。

$$现场评价费费率＝基本费费率×40\%＋基本费费率×（评价得分－80）×3\%$$

软件处理方法：直接输入

在安全文明施工费中直接输入费率（基本费率＋现场评价费费率），软件按照输入费率自动汇总。如图 3.19-11 所示。

序号	类制	名称	单位	缩价方式	计算基数	费率(%)	工程量	综合单价	综合合价	取费
1	─ 1.1	安全文明施工费	项	子目输组价			2	48.06	48.06	
2	①	环境保护费	项	计算公式组	BQF_JSJ	0.5	1	0.89	0.89	
3	②	文明施工费（建筑）	项	计算公式组	BQF_JSJ_TJ	6.5	1	11.51	11.51	
4	③	安全施工费（建筑）	项	计算公式组	BQF_JSJ_TJ	9.5	1	16.83	16.83	
5	④	临时设施费（建筑）	项	计算公式组	BQF_JSJ_TJ	9.5	1	16.83	16.83	
6	⑤	文明施工费（装饰）	项	计算公式组	BQF_JSJ_TS	6.5	1	0	0	
7	⑥	安全施工费（装饰）	项	计算公式组	BQF_JSJ_TS	9.5	1	0	0	
8	⑦	临时设施费（装饰）	项	计算公式组	BQF_JSJ_TS	6.5	1	0	0	
9	1.2	夜间施工费	项	计算公式组	BQF_JSJ	2.5	1	4.43	4.43	
10	1.3	二次搬运费	项	计算公式组	BQF_JSJ	1.5	1	2.66	2.66	
11	1.4	冬雨季施工费	项	计算公式组	BQF_JSJ		1	3.54	3.54	
		大型机械设备进出场								

图 3.19-11

8. 编制完清单后，如何检查出项目里面清单编码是否有重复？

相关文件规范：《建设工程工程量清单计价规范》GB 50500—2008

3.2.3 分部分项工程量清单的项目编码，应采用十二位阿拉伯数字表示。一至九位应按附录的规定设置，十至十二位应根据拟建工程的工程量清单项目名称设置。同一招标工程的项目编码不得有重码。

3.28 补充项目的编码由附录的顺序码与 B 和三位阿拉伯数字组成，并应从×B001 起顺序编制，同一招标工程的项目不得重码。

软件处理方法：自动检查

（1）在项目管理界面，点击检查清单编码，软件自动检查是否有重复的清单编码。如图 3.19-12 所示。

（2）当检查出有相同的清单编码时，双击提示信息，软件会自动定位到该清单项。

9. 工程做完了，如何快速检查出同一个项目中相同清单的综合单价是否一致？

相关文件规范：四川省建设工程施工招标投标工程量清单暂行办法

投标报价由投标人按照工程量清单、施工设计图纸和招标文件的其他要求，结合施工

图 3.19-12

现场实际情况以及自身技术水平、管理水平、经营状况、机械配备和制定的施工组织设计，依据企业定额和市场价格，参照建设行政主管部门发布的社会平均消耗量水平进行编制，自主报价。

每一项目只允许有一个报价。任何有选择的报价将不予接受。

软件处理方法：（自动检查）

（1）在项目管理界面，点击检查清单综合单价，软件自动检查是否有相同的清单项，并且是项目名称描述相同、综合单价不同的清单项。如图 3.19-13 所示。

图 3.19-13

（2）当检查出有相同的清单但组价不一致时，双击提示信息，软件会自动定位到该清单项。

3.20 计价实战篇—河北

◆ 实战热点

1. 工程中商品混凝土需要泵送，如何快速计算泵送增加费？

相关文件规范：全国统一建筑工程基础定额河北省消耗量定额（2008）

第 A.4 章 混凝土及钢筋混凝土工程：商品混凝土、现场集中搅拌站搅拌混凝土的泵送按固定泵相应项目计算，采用移动泵泵送混凝土所发生的费用据实计算。[注释] 混凝土泵送增加费的工程量按各基价子目中规定的混凝土消耗量以立方米计算，采用子目 A4-321。

软件处理方法：（自动计算）

（1）商品混凝土子目输入后，在预算书界面点击右键，选择［自动计算泵送增加费］，选择商品混凝土计算泵送费用。如图 3.20-1 所示。

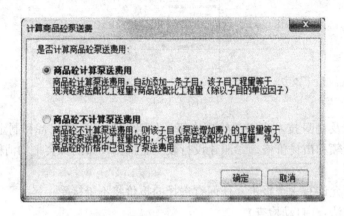

图 3.20-1

（2）所有商品混凝土工程量自动汇总，并自动套用子目 A4-321 子目。

2. 某工程采用商品混凝土，已经计算了泵送增加费，垂直运输费如何计算？

相关文件规范：全国统一建筑工程基础定额河北省消耗量定额（2008）

第 A.13 章　垂直运输工程：三、采用泵送混凝土的工程，其垂直运输机械费应按以下方法扣减：按泵送混凝土数量占现浇混凝土总量的百分比乘以 6%，再乘以按项目计算的整个工程的垂直运输费。计算公式如下：

$$垂直运输费 = JZMJ \times \left(1 - \frac{泵送混凝土 + 商品混凝土}{现浇混凝土 + 泵送混凝土 + 商品混凝土} \times 6\% \right)$$

软件处理方法：（自动计算）

（1）在工程特征中输入总建筑面积。如图 3.20-2 所示。

图 3.20-2

（2）在措施项目界面输入垂运费子目 13-1，工程量自动按照计算公式汇总。如图 3.20-3所示。

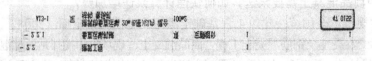

图 3.20-3

3. 装修工程中，现浇砂浆如何换算成预拌砂浆？

相关文件规范：冀建质〔2008〕412 号关于河北省建筑工程中使用预拌砂浆工程计价的通知

一、使用干拌砂浆编制预算时，应将每立方米现场搅拌砂浆换算成干拌砂浆 1.75t 和水 0.29m³，结算时可按预拌砂浆生产企业使用说明的要求据实计算。其人工、机械按以下规定调整：

1. 人工：按定额砂浆用量每立方米扣除人工 0.63 工日。

2. 机械：扣除定额项目中的灰浆搅拌机台班数量，另按砂浆用量每立方米增加 3.4 元其他机械费。

二、使用湿拌砂浆时，将定额中砂浆换算成湿拌砂浆，砂浆数量不作调整；另按定额砂浆用量每立方米扣除人工 1.12 工日、水 0.125m³，并扣除定额项目中的灰浆搅拌机台班数量。

软件处理方法：一键生成，自动计算现浇砂浆转预拌砂浆。如图 3.20-4 所示。

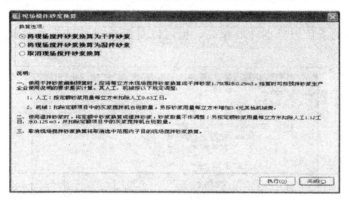

图 3.20-4

4. 甲方要求统一用节能定额，工程已经做完了，又不想重新套用怎么办？

相关文件规范：冀建质〔2010〕334 号关于颁布 2010 年《河北省建筑安装工程节能项目消耗量定额》的通知

为贯彻《河北省民用建筑节能条例》，满足建筑节能工程计价需要，我厅组织编制了 2010 年《河北省建筑安装工程节能项目消耗量定额》，现予颁布，自 2010 年 7 月 1 日起执行，2010 年 7 月 1 日以前完成的工作量不再调整。

软件处理方法：节能定额，一键全部替换。

点击右键执行"替换节能子目"或"其他-批量替换节能子目"显示废止子目所对应的节能子目，直接点击确定按钮，即可完成替换。

5. 装饰的超高降效是如何计算的？

相关文件规范：全国统一建筑装饰装修工程消耗量定额河北省消耗量定额（2008）超高增加费工程量

装饰装修楼层（包括楼层所有装饰装修工程量）区别不同的垂直运输高度（单层建筑物系檐口高度）以人工费与机械费之和分别计算。

软件处理方法：自动计取超高降效

（1）点击上方工具栏的"超高降效"功能，并设置各个分部相应的超高降效高度范围，点击确定，即可完成装饰装修工程超高费的计算。如图 3.20-5 所示。

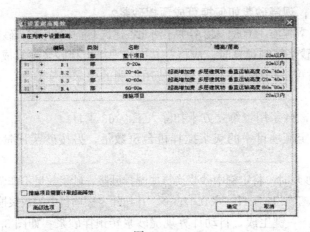

图 3.20-5

（2）如果有的子目想分别计取超高，也可以对清单或子目单独设置超高降效。如图 3.20-6 所示。

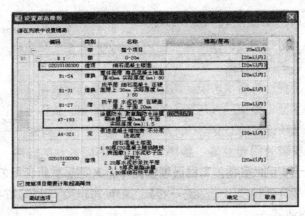

图 3.20-6

（3）可以根据需要选择放到实体或措施。如图 3.20-7 所示。

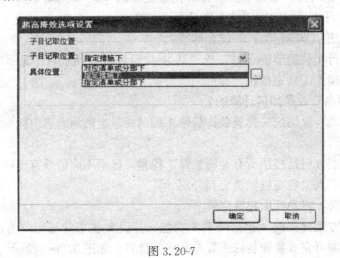

图 3.20-7

6. 装饰的垂直运输如何计算？

相关文件规范：全国统一建筑装饰装修工程消耗量定额河北省消耗量定额（2008）超高增加费工程量

装饰装修楼层（包括楼层所有装饰装修工程量）区别不同的垂直运输高度（单层建筑物系檐口高度）以人工费与机械费之和分别计算。

软件处理方法：软件会根据超高降效所设置的高度自动计算垂直运输子目工程量。

超高费计算后，切换至措施页面，在垂直运输措施项中，根据工程檐高，直接输入各范围的垂直运输子目。软件会根据刚才超高降效所设置的高度自动计算垂直运输子目的工程量。

7. 安装专业分得多，如果想同时计取不同专业的安装措施费用，并且有的放到措施有的放到实体界面如何操作？

相关文件规定：全国统一安装工程预算定额河北省消耗量定额（2008）

软件处理方法：工具栏的"安装费用"功能

（1）计算项目可进行选择；

（2）可设置计取位置；

（3）按定额规定范围作为取费基数；

（4）支持多安装专业同时计取；

（5）操作高度增加费计取后联动。

8. 询价部门把价格以电子表格形式发过来，如何快速把市场价调过来？

软件处理方法：载入和保存 Excel 市场价。如图 3.20-8 所示。

图 3.20-8

9. 按照河北最新的文件人工费如何调整？

相关文件规定：冀建质〔2010〕553 号关于调整现行建设工程计价依据中综合用工单价的通知

为适应建筑市场发展需要，保障建设领域劳动者的基本权益，维护建筑市场经济秩序，根据我省最低工资标准有关政策，结合当前建筑市场工人工资情况，经研究，决定对我省现行计价依据中的综合用工单价进行调整。现将有关事项通知如下：

一、综合用工一类单价由 45 元/工日调至 58 元/工日；综合用工二类单价由 40 元/工日调至 52 元/工日；综合用工三类单价由 30 元/工日调至 39 元/工日。清、借工价格由

45 元/工日调至 67 元/工日。

二、本次综合用工单价调增部分做差价处理，只计取税金。

软件处理方法：

4648 版本软件人工费已经默认调整。旧版工程的人工费处理如图 3.20-9 和图 3.20-10 所示。

10. 河北省有很多机械费调整的文件，该如何调整？

相关文件规定：冀建价［2010］47 号关于调整现行建设工程计价依据中机械台班单价等的通知

一、2008 年《河北省建设工程施工机械台班单价》中人工费、停滞费及单独计算的费用均做相应调整，详见《建设工程施工机械台班单价调整表》（附件 1）。

二、2008 年建筑工程、安装工程、装饰装修工程消耗量定额中综合机械台班单价做相应调整，详见《综合机械台班单价调整表》（附件 2）。

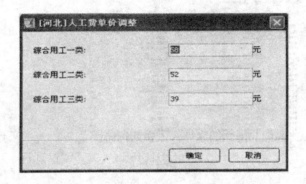

图 3.20-9

图 3.20-10

三、现行计价依据措施项目中的人工费、机械费做相应调整。其中，以系数计算的措施项目调整方法如下：

（一）人工费按综合用工二类计算，调整部分＝（基期人工费/40）×（52－40）。

（二）机械费调整部分＝（调整后的机械费－09 年调整后机械费）×相应系数。

软件处理方法：

4648 版本软件机械费已经默认调整。如图 3.20-11 所示。

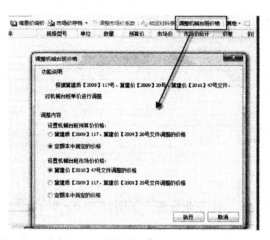

图 3.20-11

措施费中的人工机械如何调整？

措施界面自动计算后，将自动调整人工费和机械费。如图 3.20-12 所示。

	编码	类别	名称	单位	损耗率	含量	定额价	市场价
1	RGFBFB1	人	人工费	%		2.64	1	1
2	CLFBFB1	材	材料费	%		7.34	1	1
3	JXFBFB1	机	机械费	%		0.92	1	1
4	JXFBFBTZ	机	机械费调整	%		0.92	0	1
5	RGFBFBTZ	人	人工费调整	%		2.64	0	0.3

图 3.20-12

11. 土建工程的规费根据文件如何调整？

相关文件规定：冀建价［2009］728 号河北省建设厅关于调整 2008 年《河北省建筑、安装、市政、装饰装修工程费用标准》中规费费用标准的通知

附表：

2008《河北省建筑、安装、市政、装饰装修工程费用标准》规费费用标准

专业	规费费用标准(不含定额测定费)(%)
一、建筑工程	
1. 一般建筑工程	16.6
2. 建筑工程土石方、建筑物超高、垂直运输、特大型机械场外运输及一次安拆	4.9
3. 桩基础工程	11.6
二、安装工程	18.5
三、市政工程	
1. 市政工程土石方、大型机械一次安拆及场外运输	4.9
2. 一般市政工程	13.5
3. 道路工程	8.5
4. 路灯工程	15.1
四、装饰装修工程	14.5
五、包工不包料工程	7.9

关于调整 2008 年《河北省建筑、安装、市政、装饰装修工程费用标准》

专业	规费费用标准(不含河道工程修建维护管理费)(%)
一、建筑工程	
1. 一般建筑工程	16.4
2. 建筑工程土石方、建筑物超高、垂直运输、特大型机械场外运输及一次安拆	4.8
3. 桩基础工程	11.4
二、安装工程	18.3
三、市政工程	
1. 市政工程土石方、大型机械一次安拆及场外运输	4.8
2. 一般市政工程	13.3
3. 道路工程	8.4
4. 路灯工程	14.8
四、装饰装修工程	14.3
五、包工不包料工程	7.8

软件处理方法：

规费明细：一次性调整不同专业规费。如图 3.20-13 所示。

	序号	取费专业名称	取费基数	取费金额	规费费率(%)	规费金额
1	1	一般土建工程	RGYSJ + JXYSJ	5911178.15	16.4	969433.22
2	2	土石方工程	RGYSJ + JXYSJ	257784.33	4.8	12373.65
3	3	预制桩工程	RGYSJ + JXYSJ	0	11.4	0
4	4	灌注桩工程	RGYSJ + JXYSJ	0	11.4	0
5	5	装饰工程	RGYSJ + JXYSJ	2275874.46	14.3	325450.05
6	6	安装工程	RGYSJ + JXYSJ	0	18.3	0
7	7	拆除工程、大型机械	RGYSJ + JXYSJ	0	4.8	0
8	8	一般市政工程	RGYSJ + JXYSJ	0	13.3	0
9	9	道路工程	RGYSJ + JXYSJ	0	8.4	0
10	10	路灯工程	RGYSJ + JXYSJ	0	14.8	0
11	11	仿古工程	RGYSJ + JXYSJ	0	11	0
12	12	园林工程	RGYSJ + JXYSJ	0	10.2	0
13	13	绿化工程	RGYSJ + JXYSJ	0	7.8	0
14	14	房修土建工程	RGYSJ + JXYSJ	0	12.3	0
15	15	房修安装工程	RGYSJ + JXYSJ	0	13.3	0
16		规费合计				1307256.92

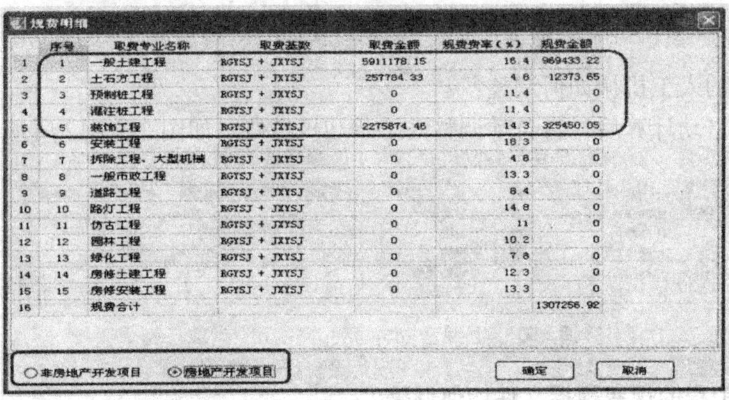

图 3.20-13

3.21 计价实战篇—天津

◆实践热点

1. 工程中商品混凝土需要泵送，如何快速计算泵送增加费？

相关文件规范：天津市建筑工程预算定额 2008

第 4 章混凝土及钢筋混凝土工程：各项混凝土预算基价中细石混凝土采用 AC20 预拌混凝土价格，其他混凝土均采用 AC30 预拌混凝土价格，如设计要求或施工组织设计中的要求与基价中不同时，采用现场搅拌者按附录二现场搅拌混凝土基价所列相应混凝土品种换算；采用预拌混凝土者按预拌混凝土相应强度等级的实际价格列入。采用混凝土输送泵者在措施项目中考虑。

软件处理方法：(自动计算)

(1) 泵送费在措施界面计取的时候分为地上地下。如图 3.21-1 所示。

(2) 商品混凝土子目输入后，在预算书界面点击右键，选择“泵送类别”，选择商品混凝土计算泵送费用子目。如图 3.21-2 所示。

(3) 所有商品混凝土工程量自动汇总，并自动套用子目，混凝土子目含量自动关联。

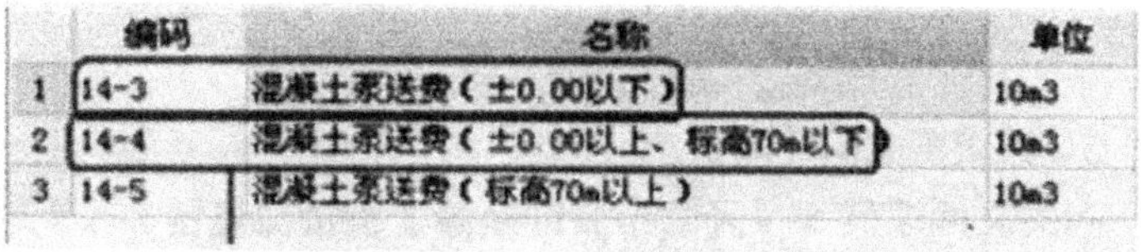

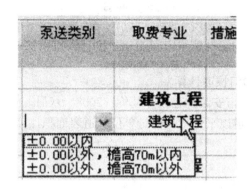

图 3.21-1

图 3.21-2

2. 某工程的业主为了维护自身的合法权益，要求安装专业提供一份含有主要材料的品牌和型号以及价格的资料？

软件处理的方法：主要材料表设置，报表输出。如图 3.21-3 所示。

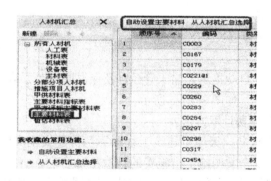

图 3.21-3

3. 采管费如何处理？

相关文件规范：《天津市装饰装修工程预算基价》、《天津市安装工程预算基价》等 DBD29-201—2008（以下简称"本基价"）在各专业总说明中：

如材料或成品、半成品的消耗量带有括号，并且列于无括号的消耗量之前，表示该材料未计价，基价总价中不包括其价值，应以括号中的消耗量乘以其价格分别计入基价的材料费和总价内，同时计入该材料的采购及保管费。

材料采购及保管费按照材料价格的 2.1% 计取。

软件处理方法：（图 3.21-4）

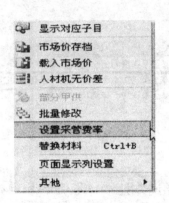

图 3.21-4

4. 管道刷油、防腐如何快速计算？

相关文件规范：[天津市安装工程预算基价（2008）八册]

刷油工程中设备、管道以平方米为计量单位管道表面积计算公式：

$$S = \pi \times D \times L$$

式中　　π——圆周率；

D——设备或管道直径；

L——设备筒体高或按延长米计算的管道长度。

管道绝热、防潮和保护层计算公式：

$$V = \pi \times (D + 1.033\delta) \times 1.033\delta \times L$$

式中　　D——直径；

1.033——调整系数；

δ——绝热层厚度；

L——设备筒体或管道长。

软件处理方法：（自动关联）

输入管道子目时软件自动提示，输入管径以及保温厚度即可给出外表面积。勾选保温刷油的子目即可完成组价。如图 3.21-5 所示。

5. 安全文明施工措施费计取方法？

相关文件规范：2008 年《天津市建筑工程预算基价》安全文明施工措施费是按常规工程规模考虑的，为使安全文明施工措施费的计取更加合理，直接工程费合计在 2000 万元以下（含 2000 万）时，按原系数计算；当直接工程费较大（超过 2000 万）时，按超额累进计算方法计算。

文明施工措施费系数表

工程类别	文明施工、安全施工、临时设施				
	直接工程费合计（万元）				
	≤2000	≤3000	≤5000	≤10000	>10000
住宅	1.87%	1.52%	1.36%	1.03%	0.91%
其他民用建筑	1.79%	1.45%	1.29%	0.98%	0.90%
工业建筑	1.46%	1.18%	1.05%	0.80%	0.73%
其他	1.43%	1.16%	1.03%	0.79%	0.72%

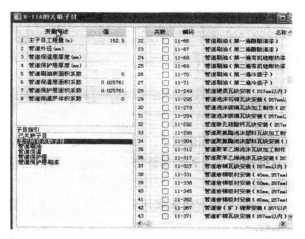

图 3.21-5

软件实现方法：（图 3.21-6）

图 3.21-6

6. 超高附加费如何计取？

相关文件规范：《天津市装饰装修工程预算基价（2008）》762 页第一行

一、本章包括单层建筑物超高工程附加费和多层建筑物超高工程附加费。

二、超高工程附加费是指建筑物檐高超过 20m 施工时，由于人工、机械降效所增加的费用。

C2：《天津市装饰装修工程预算基价（2008）》763 页第一行

装饰装修楼面（包括楼层所有装饰装修工程）区别不同的垂直运输高度（单层建筑物按檐口高度），以人工费与机械费之和乘以下表降效系数按元分别计算。

超高工程增加费系数表

项　　　目			降效系数
单层建筑物	建筑物檐高（m 以内）	30	3.12%
		40	4.66%
		50	6.80%
多层建筑物	垂直运输高度（m）	20～40	9.35%
		40～60	15.30%
		60～80	21.25%
		80～100	20.05%
		100～120	34.85%

软件实现方法：设置超高降效

（1）点击上方工具栏的"超高降效"功能，并设置各个分部相应的超高降效高度范围，点击确定，即可完成装饰装修工程超高费的计算。如图 3.21-7 所示。

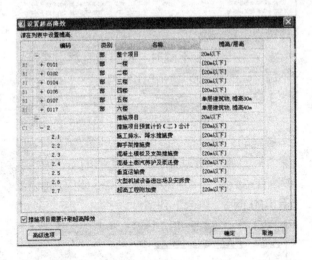

图 3.21-7

（2）超高费计算后，切换至措施页面，在垂直运输措施项中，根据工程檐高，直接输入各范围的垂直运输子目。软件会根据刚才超高降效所设置的高度自动计算垂直运输子目的工程量。如图 3.21-8 所示。

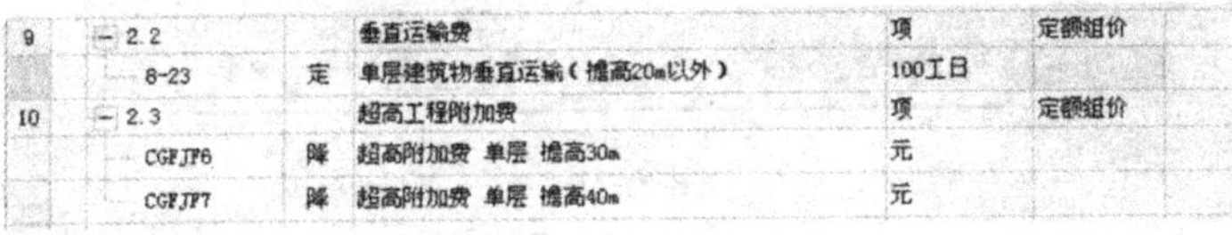

9	— 2.2		垂直运输费	项	定额组价
	8-23	定	单层建筑物垂直运输（檐高20m以外）	100工日	
10	— 2.3		超高工程附加费	项	定额组价
	CGFJF6	降	超高附加费 单层 檐高30m	元	
	CGFJF7	降	超高附加费 单层 檐高40m	元	

图 3.21-8

7. 垂直运输如何计取?

相关文件规范：C2:《天津市建筑工程预算基价（2008）》下册 682 页第 4 行第三条计价办法解释

一、建筑物垂直运输：

（1）建筑物垂直运输按不同檐高，以基价子目中不带"（）"的总工日计算，凡基价子目的工日有"（）"者不计算。

（2）建筑物檐高以设计室外地坪至檐口滴水高度为准，如有女儿墙者，其高度算至女儿墙顶面，带挑檐者算至挑檐下皮。突出主体建筑屋顶的电梯间、水箱间等不计入檐口高度之内。

二、建筑物垂直运输：

（1）多跨建筑物当高度不同时，按其应计算垂直运输的总工日，根据不同檐高的建筑面积所占比例划分。

（2）檐高 3.6m 以内的单层建筑，不计算垂直运输机械费。

（3）建筑物垂直运输基价中塔吊是按建筑物底面积每 650m² 设置一台塔吊考虑的。

如受设计造型尺寸所限，其构件吊装超越吊臂杆作业能力范围必须增设塔吊时，每工日增加费用如下表所示。

单位：元

结构类型	机械费	管理费	合计
混合结构	1.27	0.06	1.33
框架结构	1.34	0.06	0.04
滑模结构	0.94	0.04	0.98
其他结构	1.28	0.06	1.34

（4）凡檐高在 20m 以外 40m 以内，且实际使用 200tm 以内自升式塔式起重机的工程，符合下列条件之一的，每工日增加 2.51 元（其中：机械费 2.4 元，管理费 0.11 元）：

① 由于现场环境条件所限，只能在新建建筑物一侧立塔，建筑物外边线最大宽度大于 25m 的工程。

② 两侧均可立塔，建筑物外边线最大宽度大于 50m 的工程。

软件实现方法：自动关联子目工程量

垂直运输措施项中，根据工程檐高，直接输入各范围的垂直运输子目。软件会根据刚才超高降效所设置的高度自动计算垂直运输子目的工程量。当出现多跨时在措施项目界面选择"垂直运输设置"按照实际选择即可。如图 3.21-9 所示。

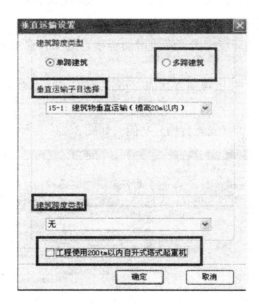

图 3.21-9

8. 安装技术费用如何计取？

相关文件规范：天津 2008 安装定额，每一册的册说明中的第七条都包括本册按系数计取的项目，主要包括：脚手架措施费、高层建筑增加费、操作物高度超高增加费、安装与生产同时进行增加费、在有害环境中施工降效增加费、系统调试费。

举例：《（第 1 册）机械设备安装工程》P2 第 13 行第七条

第3章 广联达 GBQ4.0 计价软件实战篇

七、下列项目按系数分别计取：

1. 脚手架措施费（10kV 以下架空线路除外）按直接工程费中人工费的 5% 计取，其中人工费占 25%。

2. 操作物高度超高增加费（已考虑了超高作业因素的子目除外）：

操作物高度距离楼地面 5～20m 的电气安装工程，按超过部分的电气安装工程人工费的 1.33 计取超高增加费，全部为人工费。

3. 高层建筑是指 6 层以外的多层建筑或是自室外设计正负零至檐口高度在 20m 以外（不包括屋顶水箱间、电梯间、屋顶平台出入口等）的建筑物。高层建筑增加费是指电气照明设备安装工程由于在高层建筑施工所增加的费用。内容包括人工降效增加的费用，材料、工具垂直运输增加的机械台班费用，施工用水加压泵的台班费用，人工上、下所乘坐的升降设备台班费用及上、下通信联络费用。

高层建筑增加费的计取：是用包括 6 层或 20m 以内（不包括地下室）的全部人工费为计算基数，乘以下表系数（其中人工费占 25%）。

层数	9 层以内(30m)	12 层以内(40m)	15 层以内(50m)	18 层以内(60m)	21 层以内(70m)
以人工费为计算基数	4%	5%	6%	8%	10%
层数	24 层以内(80m)	27 层以内(90m)	30 层以内(100m)	33 层以内(110m)	36 层以内(120m)
以人工费为计算基数	12%	13%	15%	17%	19%

注：120m 以外可参照此表相应递增。为高层建筑供电的变电所和供水等动力工程，如装在高层建筑的底层或地下室的，均不计取高层增加费，装在 20m 以外的变配电工程和动力工程则同样计取高层建筑增加费。

4. 安装与生产同时进行降效增加费按直接工程费中人工费的 10% 计取，全部为人工费。

5. 在有害身体健康的环境中施工降效增加费按直接工程费中人工费的 10% 计取，全部为人工费。

适用定额：《天津市安装工程预算基价（2008）》、《天津市安装工程预算基价（2004）》

软件实现方法：

软件在处理时，使用了（安装费用）功能。如图 3.21-10 所示。

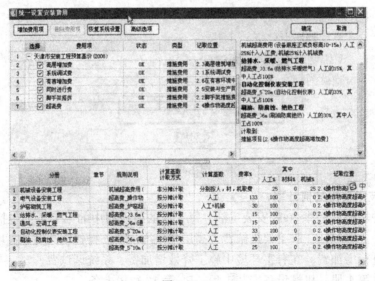

图 3.21-10

3.22 计价实战篇—新疆

◆实践热点

1. 综合单价计算的两种方法的区别？

软件实现方法：（图 3.22-1）

清单单价取费：由子目单价得出清单单价，清单单价再通过取费（包括管理费、利润等）得出清单综合单价，后由清单综合单价×工程量得出清单综合合价。

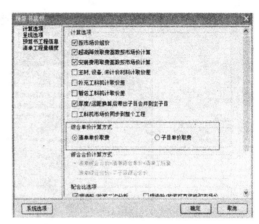

子目单价取费：由子目单价通过取费得出子目综合单价（包括管理费、利润等），子目综合单价相加得清单综合单价。将子目综合单价乘以子目工程量得出子目的综合合价，子目综合合价相加得出清单综合合价。

注意事项：

两个方式都是先有综合单价再有综合合价的。两种方式的计算过程不一致，会导致结果的不一致，请根据实际情况进行选择。如：要保证清单综合单价×工程量等于清单

图 3.22-1

综合合价，就一定要选择清单单价取费，如果是子目的单价构成与所属清单的单价构成不一致，则选择子目单价取费。

2. 材料调差（按供应价找差）软件如何实现？

相关文件规范：新建总造字［2011］08 号

（二）定额内材料价格的调整

1. 建筑、安装、装饰、市政及抗震加固工程主材按照本文"附件"中所列 2011 年 2 月份价格信息与编制期所采用相应定额内材料供应价找差，未列入"附件"的材料，可依据甲、乙双方认定的发票供应价与定额内供应价找差。价差不参与取费，只计税金。

软件处理方法：载入市场价，软件自动处理。

3. 人材机价差不参与取费如何处理？

相关文件规范：新建总造字［2011］08 号

根据目前建筑市场变化情况，执行现行建筑、装饰装修、安装工程计价定额编制招标控制价时，人工费单价上限由每个工日 61 元调整到每个工日 66 元；材料价格可参照本文"附件"中所列价格信息进行调整，未发布的材料信息，应参照市场材料价格进行调整；

机械费上调 10%，并参与取费。

编制投资估算、设计概算、招标标底、招标控制价时，人工费单价应按上限 61 元/工日计算，其差价部分只计取税金；编制投标报价时，投标人可参照市场价格自主确定人工费单价，但不得低于本费用定额人工费单价下限标准；工程结算时，人工费单价应依据合同约定进行计算（或调整）。

软件处理方法：在预算书—呈现选项—按市场价组价（不勾选）设置，编辑单价构成中管理取费文件，把人材机价差部分加入综合单价。如图 3.22-2 所示。

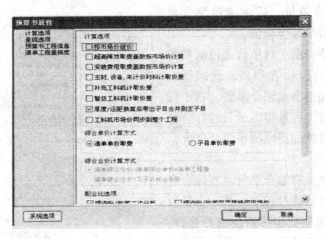

图 3.22-2

4. 红机砖相关子目单价为 0，实际工程用红机砖，怎么办？

软件处理方法：

根据要求乌鲁木齐当地不再使用红砖（标准砖、红机砖），因为在这次发布的估价表中可以看到子目单价全部为 0，因此在做软件时，也根据要求将相应项目的单价清零，但在部分特殊工程要求使用红砖时，我们可以在"预算书属性设置"中将"隐藏补差项"勾

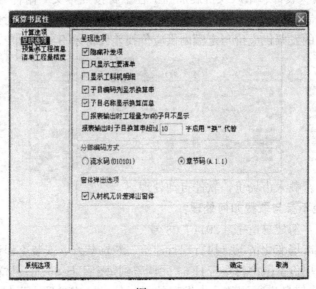

图 3.22-3

去掉，然后在"工料机显示"窗口中删除相应的人、材、机补差项，最后修改红砖的单价便可继续使用该定额子目的耗量。

5. 商品混凝土采用垂直运输机械运送混凝土，或采用泵送混凝土，如何套定额？

相关文件规范：新疆2010定额计算规则

计 算 规 则

一、建筑物垂直运输机械台班用量，区分不同建筑物的结构类型及高度按建筑面积以平方米计算。建筑面积按国家标准《建筑工程建筑面积计算规范》GB/T 50353—2005计算。

二、构筑物垂直运输机械台班以座计算。超过规定高度时再按每增高1m定额项目计算。高度不足1m时，亦按1m计算。

三、同一建筑物不同檐高，按不同檐高分别计算。

四、本定额是按现场搅拌混凝土编制的，实际中采用商品混凝土时应按下表扣减重复部分垂直运输费用。

结 构 形 式	基 数	重复部分扣额比例(%)
混合结构(砖混结构)	定额垂直运输直接费	8
框架(剪)结构	定额垂直运输直接费	13
其他结构	定额垂直运输直接费	2

软件处理方法：

（1）实际工程有商品混凝土在分部分项输入定额子目后，弹出的窗口中选择其中一种，软件会自动扣减重复部分的垂直运输费。如图3.22-4所示。

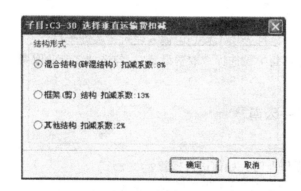

图3.22-4

（2）这里需要注意一下，如果在实际工程中并未发生商品混凝土，则在弹出的选择窗口中，按键盘的"ＥＳＣ"键或者点击取消按钮退出对话框，软件将不会扣减任何垂直运输费。

6. 超高降效如何计算？主楼和裙楼层高不一致时超高降效如何计算？

相关文件规范：《新疆2010定额章节说明》

同一建筑物楼面顶标高距室外地坪的高度不同时，按水平面的不同高度范围的工程量，分别按相应项目计算。

软件处理方法：在设置超过降效中选择多檐高，然后给对应分部选择相应檐高的规则。如图 3.22-5 所示。

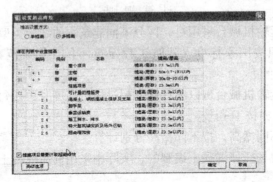

图 3.22-5

7. 高层建设增加费如何计算？

层　数	按人工工日的百分比（%）	层　数	按人工工日的百分比（%）
9 层以下（30m）	1	21 层以下（70m）	8
12 层以下（40m）	2	24 层以下（80m）	10
15 层以下（50m）	4	27 层以下（90m）	13
18 层以下（60m）	6		

软件处理方法：利用软件中批量设置子目安装费，选择对应层数的规则。

8. 同一个工程中既有土建又有装饰专业，如何分别取费？

软件实现方法：

（1）多专业取费功能；

（2）在实体工程（分部分项工程）中输入建筑、装饰子目；

（3）在费用汇总页面中，选择"取费设置"，勾选"多专业取费"。

3.23　计价实战篇—云南

◆实践热点

1. 机械进行垫板作业时，如何进行换算？

相关文件规范：云南省建筑工程消耗量定额（2003）

第一分部　土石方分部章节说明第七条：挖掘机在垫板上进行作业时，人工、机械乘以系数 1.25，定额内不包括垫板铺设所需的工料、机械消耗，实际发生时按实计算。

软件处理方法：（标准换算）

（1）输入挖掘机子目后，使用标准换算功能，进行处理。如图 3.23-1 所示。

（2）软件自动将定额的人工、机械乘以 1.25 的系数。

2. 工程中，桩承台基础，机械需在桩间挖土，如何处理？

相关文件规范：云南省建筑工程消耗量定额（2003）

图 3.23-1

第一分部 土石方分部章节说明第九条：

机械挖桩间土方时，按相应挖土方定额项目乘 1.15 系数计算。

软件处理方法：（标准换算）

（1）输入机械子目后，进行标准换算。如图 3.23-2 所示。

图 3.23-2

（2）软件自动将子目乘以 1.15。

3. 评标时，要对主要材料进行评分，如何处理？

相关文件规范：云南省工程施工招标工程量清单评标（暂行）办法

主要材料价格的评审评分（满分 10 分）

对主要材料价格的评审，由评标委员会根据项目情况抽出不少于十种影响造价较大的材料进行评审。对抽出材料合价（指抽出材料的材料单价相加之和，简称"材料合价"。）评分时用平均价计算公式计算出所有有效投标人材料合价的平均价进行考核。

投标人抽出材料合价按下列要求分档次评分，只满足每个档次中一项要求的应降低一个档次评分。

第一个档次：抽出材料中有 90% 以上（含 90%）的材料单价来源有依据、产地或厂家明确，并符合招标要求，且抽出材料合价与平均价相比在 ±5% 以内（含 ±5%）的得满分 10 分；

第二个档次：抽出材料中有 80% 以上（含 80%）的材料单价来源有依据、产地或厂家明确，并符合招标要求，且抽出材料合价与平均价相比在 ±10% 以内（含 ±10%）的得 7 分；

第三个档次：抽出材料中有 70% 以上（含 70%）的材料单价来源有依据、产地或厂家明确，并符合招标要求，且抽出材料合价与平均价相比在 ±10% 以外的得 5 分；

第四个档次：抽出材料中有 70% 以下的项目单价来源有依据、产地或厂家明确，并符合招标要求的得 2 分。

软件处理方法：（关联评标材料）

(1) 主要价格表中，使用关联材料。如图 3.23-3 所示。

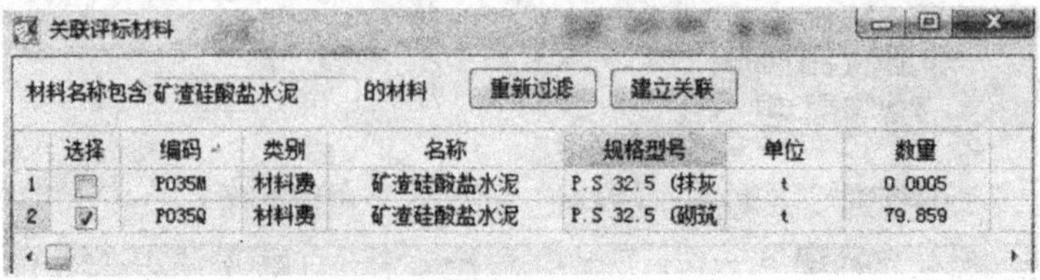

图 3.23-3

(2) 软件自动关联材料价格、产地、厂家。

4. 超高降效、垂直运输费如何计算？

相关文件规范：云南省建筑工程消耗量定额（2003）

建筑物超高增加费分部：

一、建筑物超高人工、机械增加费，以设计室外地坪面以上建筑面积，按建筑物檐口高度划分计取。

二、同一建筑物中高度不同时，按不同的高度分别计算。群体工程以沉降缝为界。

三、设计室外地坪以下建筑面积部分，不得计算超高人工、机械增加费。

装饰超高增加费：

超高增加费工程量根据装饰装修楼面（包括楼层所有装饰装修工程量）区别不同的垂直运输高度（单层建筑物系檐口高度）以人工费与机械费之和按元分别计算。

软件处理方法：（计取超高降效、垂直运输）

(1) 套用装饰定额后，计取超高降效。如图 3.23-4 所示。

图 3.23-4

(2) 软件自动计算相应的超高降效子目。如图 3.23-5 所示。

图 3.23-5

5. 安全文明施工费（独立土石方）如何计取？

相关文件规范：云南省建筑工程消耗量定额（2003）

土石方安全施工费＝直接工程费（分部分项工程费中的人工、机械费用之和）

软件处理方法：（直接勾选）

（1）套用土方定额后，在分部分项界面，勾选土石方。如图 3.23-6 所示。

	编码	类别	名称	取费专业	独立土石方
			整个项目		
1	010101003001	项	挖基础土方	土石方工程	
	01010060 *1.15	换	挖掘机挖土（三类土）不装车 机械挖桩间土方时	建筑工程	☑
2	010302002001	项	一眠一斗空墙	砌筑工程	
	01030022	定	空斗墙 一眠一斗	建筑工程	
3	010402001101	项	矩形柱	砼与钢筋砼工程	
	01040095	定	商品砼施工 矩形柱 断面周长（米）1.8以外	建筑工程	
4	010502001001	项	跨度10m以内圆木木屋架	车库房大门、特	
	01050098	定	檩木上钉屋面板 一面光1.7cm厚 槽口	建筑工程	
5	010701001001	项	水泥瓦屋面	屋面及防水工程	
	01090001	定	水泥瓦 屋面板上或椽子挂瓦条上铺设	建筑工程	

图 3.23-6

（2）软件自动计取土石方的安全文明施工费。如图 3.23-7 所示。

	序号	类别	名称	单位	组价方式	计算基数	费率(%	工程量	综合单价	综合合价
-			措施项目							87565.59
1	一1		安全防护、文明施工、临时设施（独立土石方）	项	计算公式组价	DLTSFZLJF	0.5	1	110.8	110.8
2	一2		安全文明施工（桩基础）	项	计算公式组价	ZJJCZJF	0.5	1	0	0

图 3.23-7

6. 措施项目是否考虑计取管理费和利润？

相关文件规范：云南省 2003 版建设工程计价依据综合解答

措施项目是否考虑计取管理费和利润？

答：可以。

（1）云南省 2003 版建设工程造价计价依据中的《云南省建设工程措施项目计价办法》适用定额计价办法和工程量清单计价办法。

（2）《云南省建设工程造价计价规则》已规定措施项目以"项"为单位综合计价。综合计价是指措施项目的费用由人工费、材料费、机械费、管理费、利润构成，并根据实际情况考虑一定的风险因素。

（3）措施项目的管理费、利润的费率按工程类别来计取，其中土建工程的计费基数为措施项目的人工费、机械费之和；安装工程的计费基数为措施项目的人工费。

（4）《云南省建设工程措施项目计价办法》中给出了措施项目的三种计算方法：一是以消耗量定额计算的，一是以费率形式计算的，还有一种是通用措施项目的一般计算方法。其中以消耗量形式出现的措施项目（不包括"大型机械进退场费"），可按上述第三条的方法来计算其管理费和利润；以费率形式出现的措施项目，已包括了人工费、材料费、机械费、管理费、利润所有费用。通用措施项目的一般计算方法是在定额编制时根据统计学的原理测算出的，以便于施工单位积累数据，通过自身数据的积累来投标报价。

（5）上述计算方法是编制单位工程拦标价措施费的标准，施工企业投标报价时可参照执行。

软件处理方法：（修改单价构成）

（1）软件中，修改单价构成。如图 3.23-8 所示。

序号	费用代号	名称	计算基数	基数说明	费率(%)
1	一 A	人工费	RGF	人工费	
2	二 B	材料费	CLF	材料费	
3	三 C	机械费	JXF	机械费	
4	四 D	施工管理费	A+C	人工费+机械费	0
5	五 E	利润	A+C	人工费+机械费	0
6	六	风险费用			
7		综合成本	A+B+C+D+E+F	人工费+材料费+机械费+施工管理费+利润+风险费用	

图 3.23-8

（2）措施实体项目已经计取管理费、利润。如图 3.23-9 所示。

序号	费用代号	名称	计算基数	基数说明	费率(%)	单价	合价	费用类别	备注
1	一 A	人工费	RGF	人工费		740533.4	740533.4	人工费	
2	二 B	材料费	CLF	材料费		473708.9	473708.9	材料费	
3	三 C	机械费	JXF	机械费		63210.2	63210.2	机械费	
4	四 D	施工管理费	A+C	人工费+机械费	39	313460	313460	管理费	（一+三）
5	五 E	利润	A+C	人工费+机械费	21	168786.16	168786.16	利润	（一+三）
6	六	风险费用				0	0	风险费用	
7		综合成本	A+B+C+D+E+F	人工费+材料费+机械费+施工管理费+利润+风险费用		1759698.86	1759698.86	工程造价	（一+二+三+四+五）

图 3.23-9

7. 措施项目是否考虑计取管理费和利润？

相关文件规范：云建标〔2005〕3 号

（四）对措施费报价存在下列情形之一的作废标处理：

1. 凡没有按照建设部 89 号文和省建设行政主管部门有关造价指数的要求对文明施工、环境保护、临时设施、安全施工等费用进行报价的；

2. 对模板工程费、脚手架工程费、垂直运输费和大型机械设备进出场及安拆费进行投标报价时，报"0"费用的；以周转性材料已摊销完毕、机械闲置或已折旧完毕为由，只报人工费的；投标报价低于拦标价中上述四项费用之和的 80％的（以省建设行政主管部门同期发布的指数指标为准）；

3. 投标人的其他措施费（指通用措施费扣除上述 1、2 两项费用的其他费用与专业措施费中除垂直运输费外的费用之和）报价，一般建设工程低于 35％Kc 的；含有地下建筑物或构筑物的建设工程低于 50％Kc 的（Kc 为所有投标人的其他措施费中去掉一个最高值、一个最低值和"0"报价后的平均值）。

软件处理方法：（最低金额检查）

（1）在项目管理界面，点击最低金额检查。如图 3.23-10 所示。

图 3.23-10

（2）软件自动检查投标报价中安全文明施工费低于拦标价的 90%。脚手架等四项是否低于拦标价的 80%。如图 3.23-11 所示。

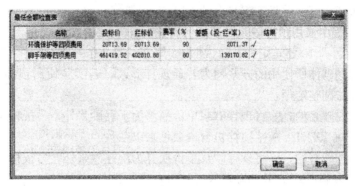

图 3.23-11

3.24　计价实战篇—浙江

◆实践热点

1. 工程中商品混凝土该如何套取定额？

相关文件规范：《10 建筑定额》P2 总说明

凡定额未列商品混凝土的子目采用商品混凝土浇捣时，按现拌混凝土定额执行，应扣除相应定额中的搅拌机台班数量，同时振捣器台班数量乘以系数 0.8；另按相应定额中每立方米混凝土含量扣除人工；泵送时 0.65 工日、非泵送时 0.52 工日。

软件处理方法：（自动计算）

（1）右键，现浇混凝土转商品混凝土，如图 3.24-1 所示。

图 3.24-1

（2）在定额中有商品混凝土定额的直接替换为该定额；若定额中没有该定额则调整人工、机械含量。

2. 某工程现浇泵送混凝土该如何套用和换算？

相关文件规范：《10 建筑定额》P117

现拌泵送混凝土按商品泵送混凝土定额执行，混凝土单价按现场搅拌泵送混凝土换算，搅拌费、泵送费按构件工程量套用相应定额。

软件处理方法：

右键，泵送商品混凝土转泵送现浇混凝土。可输入转换材料和泵送高度，软件自动套上搅拌费和泵送费定额，并且工程量自动关联。

3. 当实际工程中使用预拌砂浆时该如何调整？

相关文件规范：《10 建筑定额》总说明 P2 第七点第 8 条

本定额中各类砌体所使用的砂浆均为普通现拌砂浆，若实际使用预拌（干混或湿拌）砂浆，按以下方法调整定额：

（1）使用干混砂浆的，除将现拌砂浆单价换算为干混砂浆外，另按相应定额中每立方米砂浆扣除人工 0.2 工日，灰浆搅拌机台班数量乘以系数 0.6；

（2）使用湿拌砂浆的，除将现拌砂浆单价换算为湿拌砂浆外，另按相应定额中每立方米砂浆扣除人工 0.45 工日，并扣除灰浆搅拌机台班数量。

软件处理方法：

右键，执行该功能时，用户可自行选择要使用的湿拌砂浆。如图 3.24-2～图 3.24-4 所示。

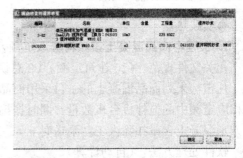

图 3.24-2 图 3.24-3

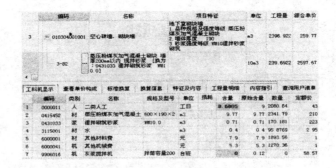

图 3.24-4

4. 墙柱面抹灰需要如何考虑？

相关文件规范：《10 建筑定额》下册第十一章

二、墙柱面一般抹灰定额均注明不同砂浆抹灰厚度；抹灰遍数除定额另有说明外，均按三遍考虑。实际抹灰厚度与遍数与设计不同时按以下原则调整：

1. 抹灰厚度设计与定额不同时，按抹灰砂浆厚度每增减 1mm 定额进行调整；

2. 抹灰遍数设计与定额不同时，每 100m² 人工另增加（或减少）4.89 工日。

软件处理方法：

软件直接输入子目会弹出界面，可以实现遍数和厚度换算。如图 3.24-5 所示。

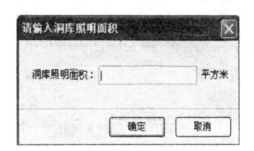

图 3.24-5

5. 10 定额洞库照明费与 03 定额不同（03 按人工费的 40%计算），该如何处理？

相关文件规范：《浙江建筑工程预算定额 2010》总说明 P2

洞库照明费以地下室面积，以及外围开窗面积小于室内平面面积 2.5% 的库房、暗室等的面积之和为基数，按每平方米 15 元计算（其中人工 0.25 工日）。如图 3.24-6 所示。

图 3.24-6

6. 清单项目中涉及多个专业内容时，是按不同子目的专业分别取费，还是按清单专业取费？

目前没有明确的统一的取费方式。

软件处理方法：（图 3.24-7）

7. 超高降效如何计算？主楼和裙楼层高不一致时超高降效如何计算？

相关文件规范：《浙江建筑工程预算定额 2010》下册第十一章 P273

一、本定额适用于建筑物檐高 20m 以上的工程。

二、同一建筑物檐高不同时，应分别计算套用相应定额。

工程量计算规则

一、人工降效的计算基数为规定内容中的全部定额人工费。

二、机械降效的计算基数为规定内容中的全部定额机械台班费。

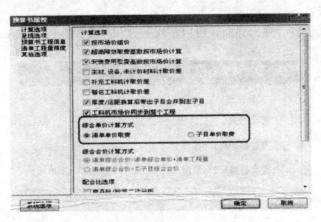

图 3.24-7

三、建筑物有高低层时，应按首层室内地坪以上不同檐高建筑面积的比例分别计算超高人工降效费和超高机械降效费。

计取条件：建筑物檐高 20m 以上。按照不同檐高分别计取。

降效费用：人工降效、材料降效、加压水泵台班、层高超高。

子目计取位置如图 3.24-8 所示。

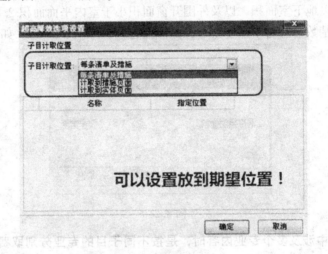

图 3.24-8

8. 10 定额下，定额的模板工程量该怎么计算?

相关文件规范：《浙江建筑工程预算定额 2010》上册第四章解释

现浇混凝土构件模板工程量按混凝土与模板接触面的面积以 "m²" 计量，应扣除构件平行交接及 0.3m² 以上构件垂直交接处的面积。模板工程量也可参考构件混凝土含模量计算，但除本定额规则特别指定以外，一个工程的模板工程量只应采用一种计取条件。

软件处理方法：

方法一：按实际接触面积计算，如图 3.24-9 所示。

子目工程量＝清单工程量，软件自动关联。

方法二：按含模量计算，如图 3.24-10 所示。

广联达GBQ4.0 计价软件应用及答疑解惑

序号	名称	单位	工程量表	工程量	综合单价	综合合价
─ 010902001001	柱模板	m2	311.43	311.43	26.6	8284.04
4-156	建筑物模板 矩形柱 复合木模	100m2	QDL	3.1143	2659.63	8282.89

图 3.24-9

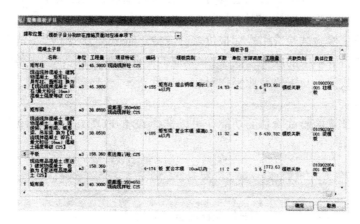

图 3.24-10

9. 大型机械中的回程费如何归属？是按人工机械分别归属，还是单独计取？

在大型机械安拆中有回程费一项，该项费用是按人工与机械为基数乘以 25％ 得来，为动态变动费用。

定额本中没有明确该项费用到底计入人工费、材料费还是机械费。

软件处理方法：

软件为动态取费，修改人工和机械费，回程费即随之改变。

10. 安全文明施工费如何计取？安全文明施工费的计取浙江省和杭州市的区别？

安全文明施工费和检验试验费为必须计取的措施项目。

安全文明施工费用专款专用，招标控制价按行政主管部门测定的费率计算，投标报价时不得低于安全文明施工费用的 90％。

浙江省工程：

招标控制价中安全文明施工费在各专业工程中分别计取，投标报价时不但要在专业工程中按费率计取费用，还需要列出安全文明施工费的明细项目。

杭州市工程：

措施项目应分整体措施项目和专业工程措施项目。

安全文明施工措施项目（环境保护、文明施工、安全施工、临时设施）应按招标项目整体报价；

其他组织措施项目请投标人根据工程实际自行决定按整体项目还是按专业工程清单报价。

软件处理方法：

在项目里编辑实物量明细进行输入。

11. 检验试验费该怎么计取？

相关文件规范：杭建市通知［2008］19 号

建设工程质量检验试验费按施工组织措施费项目列项，由投标人结合招标工程的实际，按项目整体考虑报价。

建设工程质量检验试验费用报价不得低于按建建发〔2008〕22 号文件附表规定费率下限值计算的费用。招标人在招标文件工程量清单编制说明中应明确各类专业工程的建设工程质量检验试验费的取费基数和最低费率，该取费基数和最低费率作为投标文件评审时计算工程质量检验试验费用最低限额的依据。

建设工程质量检验试验费用投标报价≥〔(专业工程分部分项工程量清单中的取费基数值+技术措施项目清单中的取费基数值)×相应的专业工程最低费率〕+整体技术措施项目清单中的取费基数值×与主要专业工程对应的最低费率。

软件处理方法：

在项目中，计算检验试验费的功能，可以选择 03 的取费方式或者 10 的取费方式。如图 3.24-11 所示。

专业名称	取费基数	取费基数说明	费率(%)	金额
建筑工程	153794.12	人工费+机械费	1.12	1722.49
装饰工程	0.00	人工费+机械费		0.00
安装工程	17398.05	人工费+机械费	0.84	146.14
市政工程	0.00	人工费+机械费		0.00
仿古建筑工程	0.00	人工费+机械费		0.00
合计				1868.63

图 3.24-11

3.25 计价实战篇—重庆

◆实践热点

1. 挖孔桩挖土方深度超过 28m、石方深度超过 40m 时，如何套定额？

相关文件规范：2008 定额综合解释

2.2.6 挖孔桩挖土方深度超过 28m、石方深度超过 40m 时，定额如何执行？

答：挖孔桩挖土方深度超过 28m 时，以每增 4m 为一步距，按前一步距定额项目乘以系数 1.2 执行；挖孔桩挖石方深度超过 40m 时，以每增 4m 为一步距，按前一步距定额项目乘以系数 1.25 执行。

软件处理方法：（乘系数换算）

挖土方子目输入后，在编码列定额编码后空格乘以相应系数，如图 3.25-1 所示。

	编码	类别	名称	单位
	一		整个项目	
1	─AA0089 *1.2	换	挖土方 深度在m以内 28子目乘以系数1.2	10m3

图 3.25-1

2. 某楼地下混凝土部分：基础、基础梁、柱自拌混凝土均为 C35，如何快速换算？

软件处理方法：（批量计算）如图 3.25-2 所示。

图 3.25-2

3. 某楼土建工程檐高 30m 以内，超高降效人工费按 42 元/工日计取。建筑物超高降效人工费是否和综合工日一样可以调整价差？

相关文件规范：2008 定额综合解释

2.12　其他工程

2.12.1　建筑物超高降效人工费、超高降效机械费，是否可调整价差？

答：建筑物超高降效人工费允许调整，超高降效机械费不作调整。

软件处理方法：（标准计算）

通过标准换算按钮，把超高降效定额单位"元"转换为"工日"，就可以调整了。如图 3.25-3 所示。

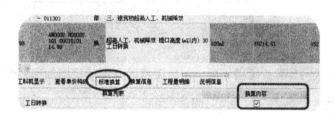

图 3.25-3

4. 工程中甲供材料、甲定材料费用如何扣减？

相关文件规范：2008 定额综合解释

1.9　工程建设中建设单位提供材料实物，施工单位办理工程结算时如何退价？

答：建设单位供应材料到施工单位指定堆放点（或仓库），在办理工程结算时，甲供材料数量在预（结）算书（投标报价）数量以内部分，甲供材料费应根据预（结）算书（投标报价）编制的材料价格并扣除下（上）浮比例及施工单位仓管费后，退还给建设单位；甲供材料数量超过预（结）算书（投标报价）数量部分，甲供材料费按实退还给建设单位。

1.10　按合同约定由施工单位采购的建筑材料、构配件和设备，在履约过程中由建设单位指定供货商或定质定价的，如何办理工程结算？

答：在办理工程结算时，合同有约定的，按合同约定执行；合同未作约定的，建筑材料、构配件和设备价格按实调整，并不再执行因承接工程时的上浮或下浮比例。

软件处理方法：（自由设置）

（1）材料表中修改供货方式，如图 3.25-4 所示。

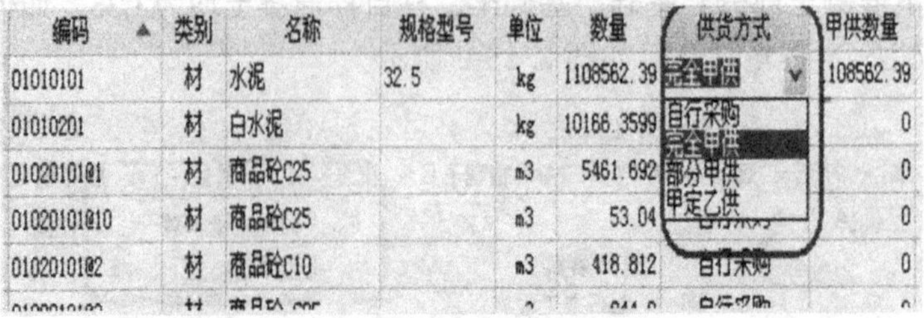

编码	类别	名称	规格型号	单位	数量	供货方式	甲供数量
01010101	材	水泥	32.5	kg	1108562.39		108562.39
01010201	材	白水泥		kg	10166.3599	自行采购	0
01020101@1	材	商品砼C25		m3	5461.692	部分甲供 甲定乙供	0
01020101@10	材	商品砼C25		m3	53.04		0
01020101@2	材	商品砼C10		m3	418.812	自行采购	0
01020101@3	材	商品砼C25			844.1	自行采购	

图 3.25-4

(2) 费用汇总中选择扣减位置扣减代码，如图 3.25-5 所示。

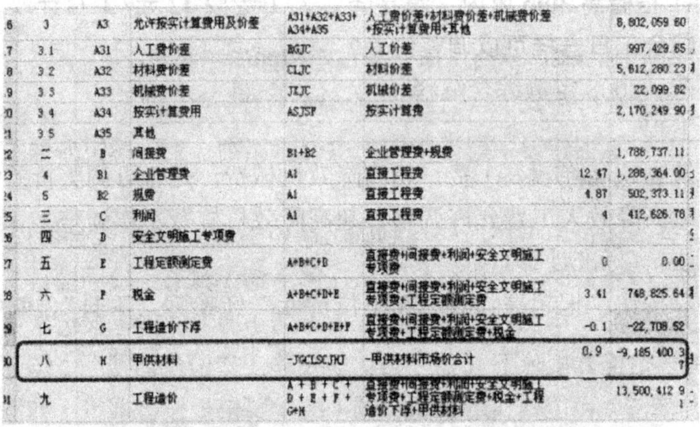

图 3.25-5

5. 某办公楼主楼 12 层，裙楼 6 层，消防工程的高层建筑增加费如何计算？

相关文件规范：重庆市安装工程计价定额（2008）

第七册总说明：

六、高层建筑增加费（指高度在 6 层或 20m 以上的工业与民用建筑）按下表计算（其中全部为人工费）。

层数	9 层以下(30m)	12 层以下(40m)	15 层以下(50m)	18 层以下(60m)	21 层以下(70m)	24 层以下(80m)
按人工费的%	1	2	4	5	7	9
层数	27 层以下(90m)	30 层以下(100m)	33 层以下(110m)	36 层以下(120m)	39 层以下(130m)	42 层以下(140m)
按人工费的%	11	14	17	20	23	26
层数	45 层以下(150m)	48 层以下(160m)	51 层以下(170m)	54 层以下(180m)	57 层以下(190m)	60 层以下(200m)
按人工费的%	29	32	35	38	41	44

软件处理方法：（批量计取）

选择安装费用按钮——批量设置子目安装费用，如图 3.25-6 所示。

6. 工程中既有人工土石方，又有机械土石方工程量，但机械土石方工程量较少，需要分别取费吗？

相关文件规范：2008 定额综合解释

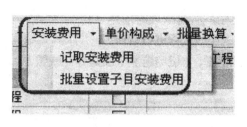

图 3.25-6

1.11 人工和机械土石方工程如何计取费用？

答：无论土石方工程量多少，凡套用土石方工程章节中"人工土石方"定额项目的，按"人工土石方"工程取费；凡套用土石方工程章节中"机械土石方"定额项目的，按"机械土石方"工程取费。

软件处理方法：（自动分开取费）

费用汇总界面选择"取费设置"—"多专业"取费即可。如图 3.25-7 所示。

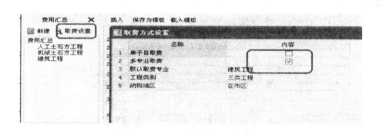

图 3.25-7

7. 市政工程中挡土墙要抹防水砂浆，怎样套定额？怎么取费？

相关文件规范：2008 定额综合解释

1.7 市政工程的装饰项目执行什么定额，如何取费？

答：市政工程中的装饰项目，首先借用 2008 年《重庆市建筑工程计价定额》，再缺项时借用 2008 年《重庆市装饰工程计价定额》，纳入市政工程进行取费。

软件处理方法：借用定额，默认专业取费，如图 3.25-8 所示。

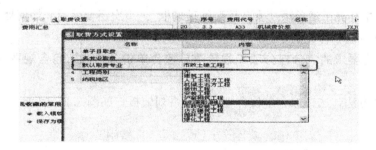

图 3.25-8

8. 1 号楼、2 号楼、3 号楼等土建部分建筑工程都要扣除甲供材料，1 号楼已经设置好，其他如何处理？

软件处理方法：批量替换取费表，如图 3.25-9 所示。

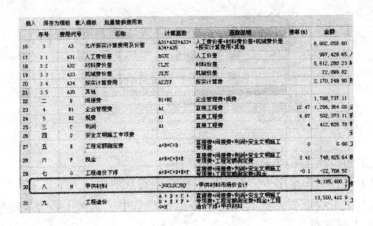

图 3.25-9

9. 一个项目中，保温平屋面清单，审核时发现多套了隔离层定额，怎么能快速在整个项目中删除？

软件处理方法：应用当前清单替换其他清单，如图 3.25-10 所示。

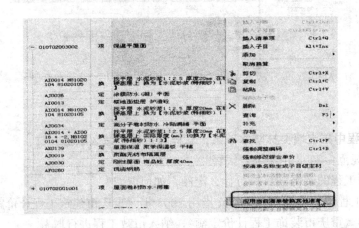

图 3.25-10

10. 工程中补充了清单项"女儿墙装饰玻璃框"，下次还要使用，如何处理？

软件处理方法：补充清单存档，如图 3.25-11 所示。

11. 招标方要求的"分部分项工程量清单综合单价分析表"包含规费和税金，如何处理？

软件处理方法：选择综合单价含规费税金系列模板，如图 3.25-12 所示。

3.26 计价实战篇—黑龙江

◆实践热点

1. 商品混凝土，在 10 定额中如何正确计取？

黑龙江 2010 定额中没做商品混凝土定额子目，工程中遇到按定额中条文规定：

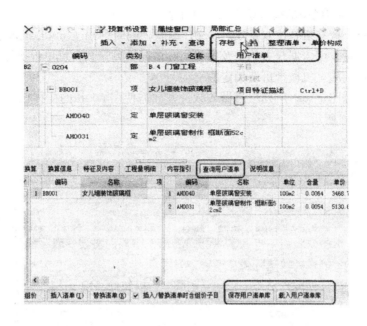

图 3.25-11

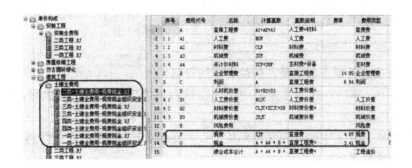

图 3.25-12

1. 施工中采用预拌混凝土, 其费用直接列为材料费。

2. 预拌混凝土、现拌泵送混凝土均计算现场振捣养护费。

软件处理: 补充商品混凝土定额, 在定额中加商品混凝土材料即可。要注意的是需要计算现场振捣养护, 所以在混凝土定额后还要再套一个振捣养护定额。如图 3.26-1 所示。

编码	类别	名称	单位	工程量	单价	合价
一		整个项目				2754.19
001	补	商品砼 C20	10m3	3.92	260	1019.2
4-123	定	捣固养护 柱	10m3	3.92	442.6	1734.99

机显示	标准换算	换算信息	安装费用	工程量明细	说明信息	
编码	类别	名称	规格及型号	单位	损耗率	含量	数量
001	材	商品砼 C20		10m3		1	3.92

图 3.26-1

2. 混凝土构件定额中的搅拌机怎么有两个？

定额中混凝土搅拌机是按双锥反转 350L 编制，同时列出了 500L 混凝土搅拌机（未计价机械）台班量，可依据双方约定及现场实际情况换算，其台班单价执行《黑龙江省建设工程计价依据（施工机械台班费用定额）》。

软件处理：按照定额本所列项目做入软件，如需使用 500L 的搅拌机，只要调节单价即可。如图 3.26-2 所示。

编码	类别	名称	专业	单位	单价	合价	综合单价	工程量表
一		整个项目						
010402001001	项	矩形柱		m3			420.11	45
4-15	定	柱 矩形	建筑	10m3	3532.78	15897.51	4201.09	45

机显示	查看单价构成	标准换算	换算信息	安装费用	特征及内容	工程量明细	内容指引	查询用户清单		
编码	类别	名称	规格及型	单位	损耗率	含量	数量	定额价	市场价
ZHGR	人	综合工日		工日		21.64	97.38	53	53
+ PB0004	砼	普通混凝土	C25(碎石2	m3		9.86	44.37	217.48	217.48
+ PB013T	浆	抹灰水泥砂浆	1:1.5	m3		0.31	1.395	305.38	305.38
4005050017	材	砂(中砂)		m3		0.0003	0.0014	53.74	53.74
4005070051	材	碎石	20mm	m3		0.0004	0.0018	54.65	54.65
4005050016	材	砂(净中砂)		m3		-0.0001	-0.0005	64.12	64.12
4023090135	材	塑料薄膜		kg		0.13	0.585	17.34	17.34
4035010008	材	水		m3		9.0903	40.9064	7.59	7.59
6211000071	机	混凝土震捣器	(插入式)	台班		1.24	5.58	10.94	10.94
6211000018	机	灰浆搅拌机	400L	台班		0.04	0.18	100.74	100.74
6211000020g1	机	双锥反转混凝土搅拌机	350L	台班		0.62	2.79	144.83	0
6211000060g1	机	混凝土搅拌机	500L	台班		0.31	1.395	0	187
6211000061	机	电		kw·h		38.75	174.375	0	0

图 3.26-2

3. 机械台班定额都含有电量，但没有电的价格？

在定额本中，用户看到土建定额中涉及机械台班的定额，都含有电量，但没有电的价格。

用户在理解定额的时候，不知道这部分电费到底是怎么出来的，与机械台班的定额有什么关系。

因为施工用水、电是按城镇自来水和供电局供电形式考虑。供水、供电为其他形式者，按实际发生计算。定额将施工用水量列入材料消耗量，施工用电量列入机械消耗量中（未计价材），其中不包括未计价机械用电量。在施工中由建设单位供水、电时，挂表者，施工单位可按表的计量数与建设单位结算；不挂表者，可按定额水、电消耗量及水、电预算价格双方进行结算。

软件中处理：软件也把电量单独列出来，方便用户提电量。

4. 套取钢筋子目的是否需要考虑制作损耗与搭接损耗？

10 定额规定，对于焊接搭接用量直接套取相关的定额子目，直接计算搭接重量；绑扎搭接部分工程量直接并入到实际钢筋用量。

软件处理：采用焊接连接时，先套取钢筋子目，例如：4-159 螺纹钢筋钢筋直径（mm）$\phi18$，给出钢筋实重。然后套取 4—209 焊接连接钢筋直径（mm）$\phi16\sim20$，同样给出钢筋实重，该条定额计取的就是钢筋搭接的重量。

5. 某些定额中有"其他材料费"是什么意思？

定额中，凡能计量的材料（包括成品、半成品）均已列出品种、规格、数量；难以计

广联达GBQ4.0 计价软件应用及答疑解惑

量的零星材料，分别以定额中其他材料合价的百分比（％）或"元"表示，列为其他材料费。但是不计未计价材料。

软件处理：例如：套取 2—1 静力压桩机子目，其中包含"其他材料费"，有默认单价，是根据其他材料合价的百分比算出来的。因为它不计未计价材料，所以该定额中的未计价材料"预制钢筋混凝土方桩"我们需要把类别改成主材。如图 3.26-3 所示。

图 3.26-3

6. 套安装管道子目，必须要考虑管道的除锈保温，刷油防腐，内容较多，算法也非常复杂，容易漏项，用软件如何更快更准确地计取？

除锈、刷油、防腐工程管道表面积计算公式：

$$S＝\pi \times D \times L$$

式中　π——圆周率；

　　　D——设备或管道直径；

　　　L——设备筒体高或管道延长米。

设备筒体或管道绝热、防潮和保护层计算公式：

$$V＝\pi \times (D+1.033\delta) \times 1.033\delta \times L$$
$$S＝\pi \times (D+2.1\delta+0.0082) \times L$$

式中　　　　D——直径；

　1.033、2.1——调整系数；

　　　　　　δ——绝热层厚度；

　　　　　　L——设备筒体或管道长；

　　0.0082——捆扎线直径或钢带厚。

软件处理：软件提供子目关联功能，套管道子目的同时可以带出关联子目。

7. 采暖章节系统调试费如何计取？

安装专业采暖和给排水在一个篇章，安装费用计取时会统一计取。如果想只给采暖章节的定额计取怎么办？

软件处理：用软件只要两步操作即可：

（1）添加分部，把采暖和水专业定额分开；

（2）选中采暖分部，点击批量设置子目安装费用，选择计取位置即可。如图 3.26-4 所示。

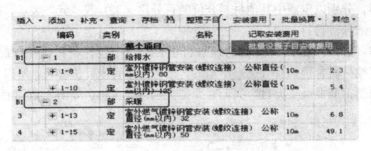

图 3.26-4

8. 招标人在编清单时，有些清单项规范中没有，需要补充进去。可是常用的补充清单就那么几个，却每次都要补充，太麻烦，如何处理？

软件中补充完清单之后，可以用存档用户清单把补充的清单保存起来，再用到这条清单项，可以通过查询用户清单找出来使用。

9. 土建和装饰都要考虑超高，二者有什么区别？

土建：建筑物超高人工、机械降效增加费按超过 20m 或层数 6 层以上的建筑面积计算。

装饰：装饰装修楼层（包括楼层所有装饰装修工程量）区别不同的垂直运输高度（单层建筑物系檐口高度）以人工费与机械费之和按元分别计算。

软件处理：土建直接套超高定额，给工程量即可。

装饰专业设置"超高降效"的功能，自动合计人工和机械之和。并且，同时套用垂直运输，软件可以根据檐高类别自动合计工日。

10. 措施界面费用合计和费用汇总的措施对不上怎么办？

因为 10 定额中把脚手架费从措施中拆出来，计取到安全文明施工费里。

安全文明施工费，除包含五项费用（环境保护费、文明施工费、安全施工费、临时设施费、防护用品等费用）外，还包括脚手架的费用。

工程项目 费用项目		建筑	装饰	通用设备安装	市政	园林绿化	备注
计算基础		工程量清单计价的工程：分部分项工程费＋措施费＋其他费用					
		定额计价的工程：分部分项工程费＋措施费＋企业管理费＋利润＋其他费用					
环境保护等五项费用	环境保护费 文明施工费	0.30	0.15	0.25	0.25	0.15	由招标人按规定费率计算，在招标文件中给出，结算时按建设行政主管部门评价核定的标准计算
	安全施工费	0.23	0.12	0.19	0.19	0.12	
	临时设施费	1.50	0.75	1.22	1.22	0.75	
	防护用品等费用	0.17	0.05	0.10	0.10	0.05	
	合计	2.20	1.07	1.76	1.76	1.07	
脚手架费		按计价定额项目计算（由招标人根据工程情况计算，在招标文件中给出，结算时按实际工程量和建设行政主管部门评价核定的标准计算）					

注：1. 通用设备安装、市政工程的现场施工围栏另行计算。

　　2. 计价定额相应脚手架项目不再计算。

软件处理：脚手架费是通过套定额组价的，软件列到措施界面。但是其费用计取到安全文明施工费中，在费用汇总可以查看到。

广联达GBQ4.0 计价软件应用及答疑解惑

第 4 章

广联达 GBQ4.0 计价软件问答篇

1. 问：GBQ4.0 中如何查询工料机显示和明细？

答：如下图所示，在预算书标签栏里点击"查询人材机库"。

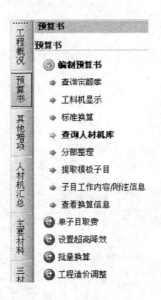

如下图显示查询工料机明细。

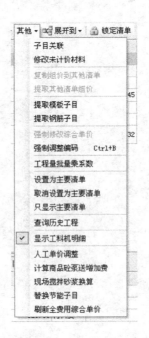

2. 问：工料机显示中单价组成为什么不能编辑？

答：在如下图一所示的是灰显所以不能编辑。

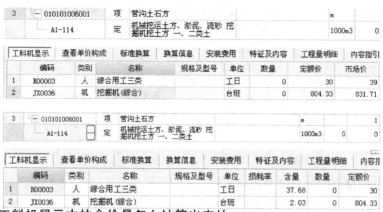

3. 问：工料机显示中的合价是怎么计算出来的？

答：合价＝数量×市场价，注意这里是乘市场价得来。

	编码	类别	名称	规格及型号	单位	损耗率	含量	数量	定额价	市场价	合价
1	R00003	人	综合用工三类		工日	37.68	0.07536		30	39	2.94
2	JX0036	机	挖掘机(综合)		台班	2.03	0.00406		804.33	831.71	3.38

4. 问：选用材料当子目时为什么不能显示出工料机？

答：需要做材料子目的补充定额，在补充定额时依次输入材料编号，价格后缀，材料名称，价格信息即可。

5. 问：在工料机显示里如何替换人工、材料和机械？

答：如下图所示单击"综合用工二类"后方"三点"直接进行相应选择即可。

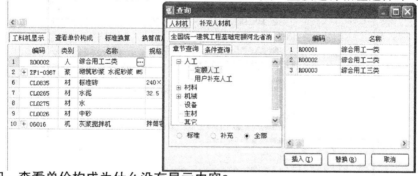

6. 问：查看单价构成为什么没有显示内容？

答：如果在定额模式下是不显示的，需点击到清单模式下。

	编码	类别	名称	项目特征	单位	含量	工程量	单价	合价
			整个项目						
1	010101001001	项	平整场地		m2		1		0
	A1-1	定	人工挖土方 一、二类土 深度(m以内) 2		100m3			930.93	0

序号	费用代号	名称	计算基数	基数说明	费率(%)	单价	合价	费用类别	备注
1	1 A	直接费	A1+A2+A3	人工费+材料费+机械费		930.93	0	直接费	
2	1.1 A1	人工费	RGF	人工费		930.93	0	人工费	
3	1.2 A2	材料费	CLF+ZCF	材料费+主材费		0	0	材料费	
4	1.3 A3	机械费	JXF	机械费		0	0	机械费	
5	2 B	企业管理费	YS_RGF+YS_JXF	预算价人工费+预算价机械费	4	28.64	0	管理费	
6	3 C	利润	YS_RGF+YS_JXF	预算价人工费+预算价机械费	3	21.48	0	利润	
7		工程造价	A+B+C	直接费+企业管理费+利润		981.05	0	工程造价	

7. 问：直接费分摊不能编辑，请解释如下图所示的直接费分摊？

答：直接费分摊用于编制补充定额子目时使用，人工费、材料费、机械费可自行输入。

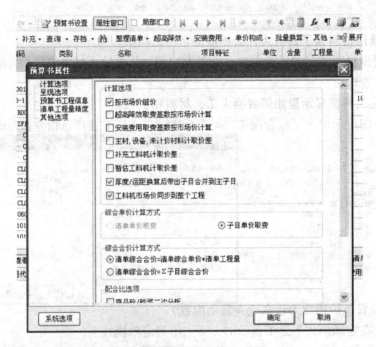

8. 问：如何使材料价差参与取费？

答：点击如下图"预算书设置"，分别勾选前三项按市场价组价、超高降效取费基数按市场价计算、安装费取费基数按市场价计算，可以在费用汇总表前加入"人工差价"一行，计算基数为人工差价，在不含税造价中加入该笔费用即可。

9. 问：从预算书界面如何回到项目管理界面？

答：单击返回"项目管理"，如果要进入相应的分标段、单位工程或预算书，直接双击进入即可。

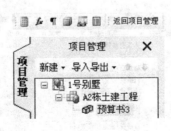

10. 问：如果在计价中有些项目不计取税金，如何操作？

答：如果是分部分项、措施、其他等项目可在费用汇总里调整税金的计算基数。如果是分部分项中的子目把不需计取税金的子目设为独立费，再把税金的计算基数扣掉独立费后计算税金。

	序号	费用代号	名称	计算基数	基数说明	费率(%)	金额	费用类别
1	1	A	分部分项工程量清单计价合计	FBFXHJ	分部分项合计		0.00	分部分项工程量清单合计
2	2	B	措施项目清单计价合计	CSXMHJ	措施项目合计		0.00	措施项目清单合计
3	3	C	其他项目清单计价合计	QTXMHJ	其他项目合计		0.00	其他项目清单合计
4	4	D	规费	GFHJ	规费合计		0.00	规费
5	5	E	税金	A+B+C+D	分部分项工程量清单计价合计+措施项目清单计价合计+其他项目清单计价合计+规费	3.48	0.00	税金
6			含税工程造价	A+B+C+D+E	分部分项工程量清单计价合计+措施项目清单计价合计+其他项目清单计价合计+规费+税金		0.00	工程造价

11. 问：如何用 GBQ4.0 安装当地的造价信息？

答：双击下载后的造价信息，安装完成后点击"查询中的信息价询价"就可出现查询对话框如下图所示。

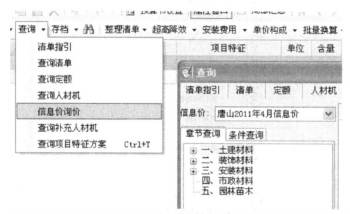

12. 问：GBQ4.0 中提取模板系数怎么理解？

答：提取模板系数是当地对应定额的提取系数与实际计算模板量会有差距，以河北省为例可参见 2008 河北定额宣贯资料第 58 页。

13. 问：打开 GBQ4.0 工程时，提示"下标访问越界"，如何解决？

答：升级新版的软件安装文件即可。出现下标访问越界有两种情况：(1) 低版本软件打开高版本工程。(2) 软件清单及定额库或计算规则与打开的工程为不同的地区。

14. 问：批量导出报表时提示"指定的文件路径不存在"怎么解决？

答：工程概况里的工程名称加了特殊符号"/ ＊ ♯"等，将其去掉即可。

15. 问：如何在计价软件里快速设置甲供材料？

答：(1) 点击"人材机汇总"选择材料表。

(2) 按 SHIFT 或者 CTRL 进行多项选择，然后点击工具栏"其他"点击"批量修改"。

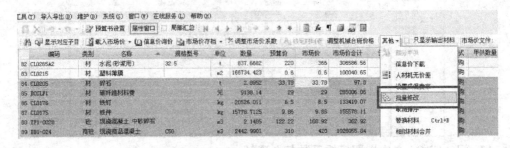

(3) 修改框中选择"供货方式"后点确定即可。

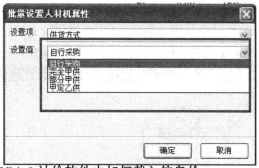

16. 问：广联达 GBQ4.0 计价软件中如何载入信息价？

答：（1）双击如下图的信息价可执行文件（.exe）

17079 2011年1-4月信 17232 2011年5月信息
息价 价

（2）点击"安装"

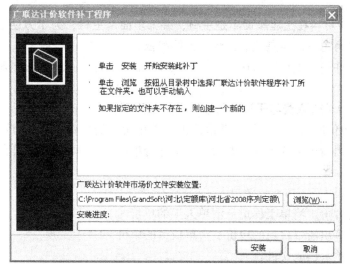

（3）查看信息价格

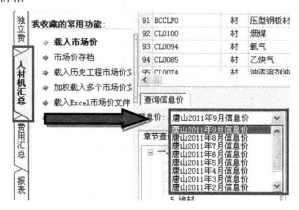

17. 问：如何在换算后显示出标记？

答：点击"属性窗口"，然后点击"呈现选项"，再勾选图示的两项。

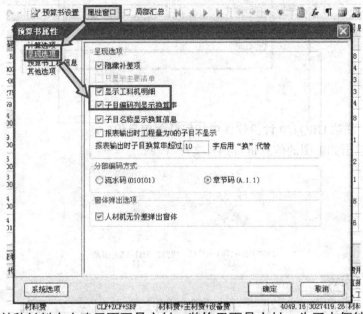

18. 问：某种材料在土建里面不是主材，装饰里面是主材，为了方便统一调价，把土建里的某材料改为主材，但是改后为什么价格降低？

答：由于软件中"主材"默认为不计入定额子目基价中。只有"普通材料"才默认计入定额子目基价。

19. 问：清单单价取费与子目单价取费有什么区别？

答：【清单单价取费】是由子目单价得出清单单价，清单单价再通过取费（包括管理费、利润等）得出清单综合单价，然后由清单综合单价×工程量得出清单综合合价。

计算过程：

清单下∑子目人工合价 ＝ 清单人工的合价

清单人工的合价÷清单工程量＝清单人工的单价

按此公式计算出清单材料的单价、清单机械的单价

按照清单的单价构成文件：

清单的综合单价＝清单的人材机单价之和＋管理费＋利润

清单的综合合价＝清单的综合单价×清单工程量

【子目单价取费】是由子目单价通过取费得出子目综合单价（包括管理费、利润等），子目综合单价相加得清单综合单价。将子目综合单价乘以子目工程量得出子目的综合合价，子目综合合价相加得出清单综合合价。

计算过程：

假设清单下有三条子目 a、b、c

子目 a∑人工市场价/预算价×人工数量＝子目 a 的人工合价

按此求出子目 a 的材料合价、机械合价

按照子目 a 的单价构成文件：

子目 a 的综合单价＝子目 a 的人工费＋材料费＋机械费＋管理费＋利润

子目 a 的综合合价＝子目 a 的综合单价×子目 a 的工程量

按此分别求出子目 b、c 的综合单价

清单的综合单价＝子目 a 的综合单价＋子目 b 的综合单价＋子目 c 的综合单价

① 清单的综合合价＝清单的综合单价×清单工程量

② 清单的综合合价＝∑子目综合合价

20. 问："机械台班组成分析"与"机械台班可直接修改市场价"的区别是什么？

答：机械台班组成分析是根据含量分析出人工、汽油、柴油等要素的数量，根据市场价对上述项目进行调整。机械台班可直接修改市场价格是根据市场价直接调整机械台班的市场价未显示出要素含量。

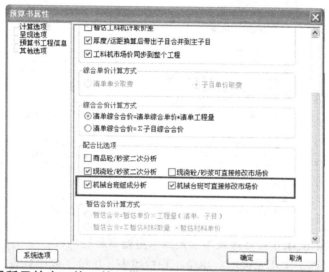

21. 问：如图所示的定、换、补、借分别代表什么？

答："定"，是指直接按定额子目套用没有人工、材料换算。"换"，是指套用的是定额子目有人工、材料换算。"补"是用户根据要求自行补充定额以满足计价需要。"借"，是指套用的是定额子目不是定义选择的定额，借用其他专业和定额子目。

	编码	类别	名称	单位
B1	− A.6	部	钢结构工程	
1	+ A6-46 R*1.05	换	钢漏斗、H型钢、H型钢梁(柱)、C、Z型钢檩条制作 H型钢柱 要求无损探伤	t
2	+ A6-45 R*1.05	换	钢漏斗、H型钢、H型钢梁(柱)、C、Z型钢檩条制作 H型钢梁 要求无损探伤	t
3	+ A4-336	定	钢筋制作、安装 铁件制作、安装	t
4	+ A6-65	定	无损探伤检验及除锈 喷射除锈 喷砂除锈	t
5	+ B5-250	借	金属面油漆 钢构件 防火涂料 薄型 3mm	100m2
6	+ A9-46	定	构件运输 金属结构构件运输 1 类 金属结构构件(运距km以内) 10	10t
7	+ A9-162 R*1.5,J*1.5	换	构件安装 金属结构构件安装 钢柱 每根重量(t) 10以内 安装高度20m 以上或构件单重超过25t，双机抬吊	t
8	+ 补子目1	补	压型钢板	m2
9		定		

22. 问：怎么添加综合单价分析表？

答：在报表-点击"载入报表"载入即可。

23. 问：GBQ4.0 中如何同时将几个单位工程的所有报表全部一次性打印出来？

答：在项目界面下点"预览整个项目报表"，可看见本投标文件下的所有单位工程报表，勾选你所需要的报表，点击"批量打印"即可。

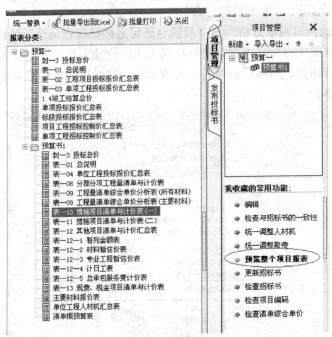

24. 问：广联 GBQ4.0 软件报表中的预算书主要有哪些内容？

答：一般有封面、工程总说明、单位工程费用表、单位工程预算表，按照需要有主材表、设备表、费用汇总表、预算表、材差表、措施项目表、措施项目分析表。

25. 问：在广联达计价软件中，总说明怎么编辑？

答：选中总说明那张表，在表样中点击右键"报表设计"就可以进行编辑。

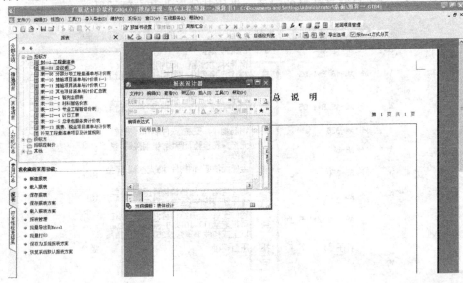

26. 问：如何生成电子标书（EML 文件）？

答：（1）选择项目管理界面导航栏中的【发布投标书】，再选择【生成/预览投标书】；（2）在我收藏的功能里选择【生成投标书】，在弹出的提示窗口里选择【是】，进行招标书自检；（3）检查无误后，软件将弹出投标信息窗口，输入工程实际信息，点击【确定】，软件将自动生成，再在确认窗口里点击【确认】，投标书就生成了。

27. 问：清单计价的风险费在什么位置？

答：在分部分项界面单价构成里面有风险费。但除非招标文件明确要求，一般投标是不计取此项费用的。

28. 问：工程量清单组价中，清单项目相同的项目如何批量套定额？

答：当工程中存在多条类似清单项时，可以通过【复制组价到其他清单】或者【提取其他清单组价】处理，前者可以将当前组好价的清单批量刷给多条类似的清单，后者可以在未组价的清单处调出所有类似的已组价的清单项进行试用。可以结合工程选择对应功能。

29. 问：垂直运输和建筑物超高施工增加费，计价软件中如何输入？

答：垂直运输和建筑物超高施工增加费，在措施项目中套取子目即可。

30. 问：措施费的组价方式中，公式组价和定额组价有何不同？

答：公式组价是计算基数乘以费率求取金额，定额组价是需要套取定额工程量乘以综合单价得出汇总金额。

31. 问：清单如何添加补充子目？

答：计价软件中插入清单项后，在编码列输入补充项，就会弹出补充项目的编制对话框，根据提示编写好就可以了。

第4章　广联达GBQ4.0 计价软件问答篇

32. 问：如何把招标文件转换成投标文件？

答：在招标文件中导出所有单位工程保存。

新建投标项目文件，添加单位工程，全部添加进来就可以了。

33. 问：GBQ4.0 如何将取费统一上调一定比例？

答：在项目管理界面中有统一调整取费功能，如下图，可以在此功能中处理。

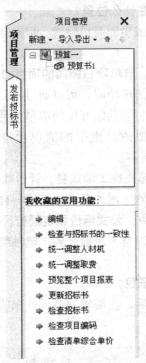

34. 问：GBQ4.0 计价软件中的措施项目中的脚手架取费在哪里？

答：脚手架取费一般在措施费中取。

35. 问：清单计价时，如何查看工料机及综合单价构成？

答：可在我常收藏的功能中选择工料机显示或者点属性窗口。

36. 问：如何强制修改综合单价？

答：在子目点右键选择强制修改综合单价即可，如下图所示。

37. 问：清单计价安全文明施工措施费如何调整？

答：投标时，安全文明施工费为不可竞争措施项目，不允许对其调整；决算时，合同允许调整的，按计费基数的增减（即工程量中人工费、机械费的增减）及费率的变化软件会自动增减安全文明施工费的金额。

38. 问：清单计价如何保证修改清单工程量而清单综合单价不变？

答：在分部分项界面点击鼠标右键，选择"页面显示列设置"，在弹出的对话框中，勾选"锁定综合单价"。这样分部分项界面就能看到锁定综合单价这样的一列，哪个清单项目需要锁定可以直接在相应的位置勾选，如果整个项目都需要锁定，则可以在整个项目位置勾选。

39. 问：GBQ 4.0 中如何在报表中增加品牌？

答：如果在分部分项界面下增加了品牌，但是在报表里面不显示，可以在报表里：单击右键-报表设计-单击右键-插入列-插入备注-然后将备注改为品牌，报表中就可以显示品牌一列。

40. 问：怎么把清单单价设置成包括税金等全费用单价构成？

答：在分部分项单价构成里载入模板，选择全费用模板即可。

41. 问：计价软件中抗渗商品混凝土如何换算？

答：抗渗商品混凝土，可以套取【普通商品混凝土】子目，材料费按抗渗商品混凝土计取，就可以了。

42. 问：如何快速删除工程量是零的行？

答：在报表-预算书属性里选择呈现选项，在里面把第六项勾选，如下图所示。

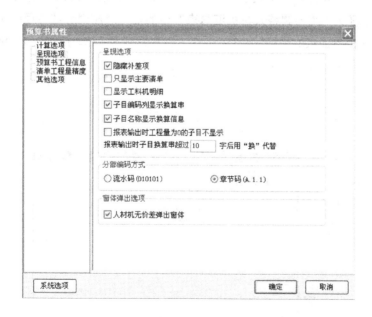

43. 问：清单投标组价，如何将某个子目设置不取任何费用？

答：在【单价构成】中删除费率即可。

44. 问：如何让分部分项中的项目特征在报表中显示出来？

答：在分部分项界面中-编辑特征及内容，并应用到项目特征列，在报表中即可显示

第4章 广联达GBQ4.0 计价软件问答篇

项目特征的内容。

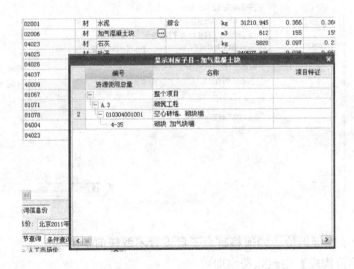

45. 问：为什么 GBQ4.0 导入 Excel 以后，不能修改工程量？

答：导入 Excel 软件默认是锁定清单，直接点击接触锁，就可以修改工程量了。

46. 问：如何从"统一调整人材机汇总表"中的材料对应到分部分项的相应清单项？

答：在人材机界面点右键-显示对应子目，材料对应到分部分项的相应清单项全部显示出来，在相应子目双击可进入。

47. 问：清单导入后，为什么多了许多空项？

答：因为电子表格里有些无效行，没清除就导入了或者是缺少导入清单的条件，软件自动分配的。

48. 问：计价软件中怎么设置单价与合价小数点保留数位？

答：在报表-报表设计-表体设计-选中"单价（合价）"-右键点设置单元格格式-格式。

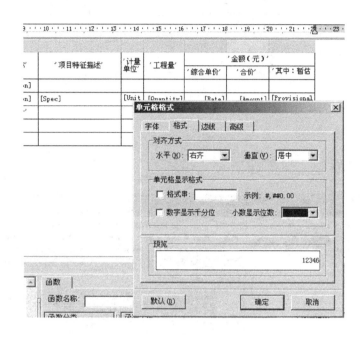

49. 问：投标时在导入招标清单后，为何单价填报不上去？

答：建立工程信息选用清单形式选用定额，不能直接点击单价，要在套用定额或作补充单价进行组价。

50. 问：清单计价时如何提取人工消耗量明细？

答：可以在人材机汇总中看人工消耗总工日，一般计算人工单价时都是用劳务分包费的总价除以总工日得出人工单价。

51. 问：建筑工程和装饰工程如何分开取费？

答：点击单价构成弹出管理取费文件，分别给建筑工程和装饰工程取费即可。

52. 问：输入清单工程量时，提示表达式非法，如何处理？

答：工程量表达式中的括弧要用英文符号，也可能是括弧不配套、加减号重复等原因，检查一下表达式是否存在上述问题。

53. 问：已做好的 GBQ4.0 清单计价模式文件，如何转换成 GBQ4.0 定额模式？

答：先将清单计价模式文件保存退出，然后新建定额计价模式的定额工程，定额库及定额专业选择要与清单工程中一致，在定额工程预算书界面中的"导入导出"菜单中选择"导入清单计价文件"，浏览找到保存的文件，点"开始"导入即可。

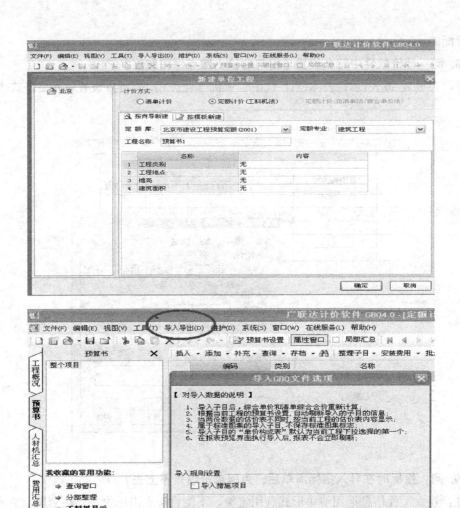

54. 问：GBQ4.0 计价软件中，综合单价与单价有何不同，两个单价分别如何计算？

答：单价为人材机含量分别乘以市场价，再将人材机求和的单价，综合单价则是在单价的基础上另加现场经费、企业管理费、利润和风险费用综合等取费得来的单价。

	编码	类别	名称	专业	单位	含量	工程量表达式	工程量	单价	合价	综合单价	综合合价
		部	整个项目									719994.1
B1	A.1.1	部	土方工程									40000
1	010101001001	项	平整场地		m2		50000	50000			0.8	40000
	1-1	定	人工土石方 场地平整	土建	m2	1	QDL	50000	0.75	37500	0.8	40000
	1-2	定	人工土石方 人工挖土 土方	土建	m3	0		0	11.33	0	12.12	0
	1-6	定	人工土石方 回填土 松填	土建	m3	0		0	2.02	0	2.16	0
B1	A.3	部	砌筑工程									244884
2	010304001001	项	空心砖墙、砌块墙		m3		600	600			408.14	244884
	4-35	定	砌块 加气块墙	土建	m3	1	QDL	600	215.54	129324	230.63	138378
	4-38	定	砌块 陶粒空心砌块 内、外墙	土建	m3	1	QDL	600	165.9	99540	177.51	106506
B1	A.4	部	混凝土及钢筋混凝土工程									435110.1
3	010403003002	项	异形梁		m3		1231	1231			353.21	434801.51
	6-24	定	现浇砼构件 梁 C30	土建	m3	1	QDL	1231	330.1	406353.1	353.21	434801.51
4	010403001001	项	基础梁		m3		1	1			308.59	308.59
	5-25	定	现浇砼构件 梁 C35	土建	m3	1	QDL	1	288.4	288.4	308.59	308.59

工料机显示　查看单价构成　标准换算　换算信息　安装费用　特征及内容　工程量明细　内容指引　查询用户清单　说明信息

	编码	类别	名称	规格及型号	单位	损耗率	含量	数量	定额价	市场价	合价	是否暂估	锁定数量	原始含量
1	82003	人	综合工日		工日		0.504	620.424	27.45	27.45	17030.64			0.504
2	82013	人	其他人工费		元		2.2	2708.2	1	1	2708.2			2.2
3	40009	商砼	C30预拌砼	C30	m3		1.015	1249.46	300	300	374839.5	□	□	1.015
4	84004	材	其他材料费		元		4.75	5847.25	1	1	5847.25	□	□	4.75
5	84023	机	其他机具费		元		4.82	5933.42	1	1	5933.42	□		4.82

插入　添加
删除　查询
补充
查询造价信息库
筛选条件

55. 问：商品混凝土 C30 怎么换算成 C40？

答：点击要换算的定额项，然后点"属性窗口"中的"标准换算"，在换算内容中选择要换算的混凝土强度等级为 C40，如下图所示。

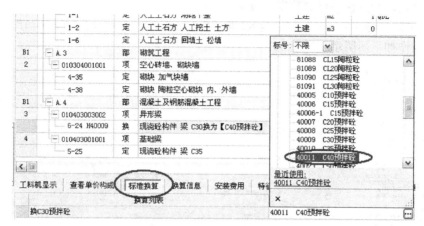

56. 问：清单编制中，补充项目的项目编码如何编制？

答：《建设工程工程量清单计价规范》GB 50050—2008 是这样规定的：补充项目的编码由附录的顺序码与 B 和三位阿拉伯数字组成，并应从×B001 起顺序编制，同一招标工程的项目不得重码。工程量清单中需附有补充项目的名称、项目特征、计量单位、工程量计算规则、工程内容。例如：补充子目前面有定额编号的写作 AB002，BB002。

57. 问：广联达下载的信息价文件如何使用？

答：将电脑上运行的 GBQ4.0 程序关闭，下载下来的信息价，双击即可进行安装。打开做好的工程，切换到人材机汇总界面，在界面下方可以看到查询信息价这个功能，选择好信息价月份，然后点击界面右侧的载入信息价，软件一次性将名称匹配的材料价格载入过来，价格发生变化的材料软件会以黄底色显示。对于有不同价格的同一材料，在查询信息价这个界面，找到自己需要的材料价格后，点击界面右侧的替换价格，此材料价格就会被替换。

58. 问：在 GBQ4.0 中怎样设置甲供材料？

答：(1) 在人材机汇总材料表中，在供货方式中选择相应方式，部分甲供时还需在甲供数量栏输入甲供数量。(2) 汇总时在费用表中插入一行，选择代码甲供材料费，在汇总行中编辑公式，扣减这一行的数据就行了。

注：若甲供材料也不参与规费或者税金的计取，应在规费或税金行也加上甲供材料的代码。

具体操作如下图所示。

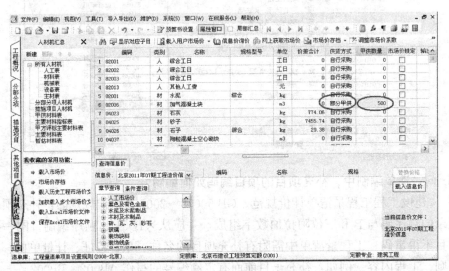

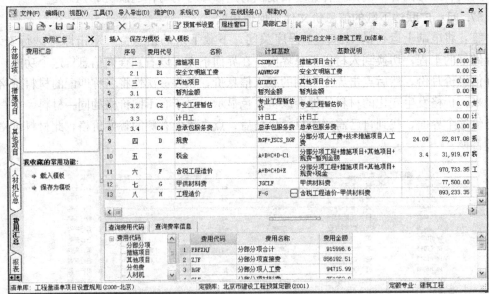

59. 问：如何为已做好的工程文件加密？

答：点击菜单栏中-文件-设置密码，输入密码即可，密码设定要记牢，否则将无法打开工程。

60. 问：计价软件 GBQ4.0 怎样调整现场经费、企业管理费和利润率？

答：在界面工具条中，点单价构成按钮，软件会弹出单价构成管理界面，在该界面中，可直接修改各专业工程的管理费和利润的费率，如下图所示。

插入 ▼ 添加 ▼ 补充 ▼ 查询 ▼ 存档 ▼ 😊 | 整理清单 ▼ 安装费用 ▼ 单价构成 ▼ 批量换算 ▼ 其他 ▼ 📄 展开到 ▼ 🔒 锁定清单 切换专业

	编码	类别	名称	专业	单位	含量	工程量表达式	工程量	单价

管理取费文件

已有取费文件　　　　保存为模板　载入模板　上移　下移　查询费用代码　查询费率　　　　单价构成文件：建筑工程_08清单

建筑工程_08清单
仿古建筑_08清单
装饰工程_08清单
安装工程_08清单
市政工程_08清单
绿化工程_08清单
庭园工程_08清单

序号	费用代号	名称	计算基数	基数说明	费率(%)	费用
1 1	A	人工费	RGF	人工费		人工
2 2	B	材料费	CLF+ZCF+SBF	材料费+主材费+设备费		材料
3 3	C	机械费	JXF	机械费		机械
4 4	D	小计	A+B+C	人工费+材料费+机械费		直接
5 5	E	现场经费	D	小计	4.17	现场
6 6	F	直接费	D+E	小计+现场经费		
7 7	G	企业管理费	F	直接费	5	企业
8 8	H	利润	F+G	直接费+企业管理费	7	利润
9 9	I	风险费用	F	直接费	0	风险

确定　　取消

61. 问：GBQ4.0 如何修改措施费、规费费率和税金？

答：措施费费率直接在措施项目中修改，规费和税金在费用汇总中修改，如下图所示。

	序号	类别	名称	单位	项目特征	组价方式	计算基数	费率(%)	工程量
			措施项目						
		一	通用项目						
1	1		安全文明施工费	项		计算公式组			1
2	2		夜间施工费	项		计算公式组			1
3	3		二次搬运费	项		计算公式组		2.728	1
4	4		冬雨季施工	项		计算公式组			1
5	5		大型机械设备进出场及安拆费	项		定额组价			1
		定							0
6	6		施工排水	项		定额组价			0
		定							1
7	7		施工降水	项		定额组价			1
		定							

费用汇总 ✕ | 插入 保存为模板 载入模板　　　　费用汇总文件：建筑工程_08清单

费用汇总

	序号	费用代号	名称	计算基数	基数说明	费率(%)	金额
1	一	A	分部分项工程	FBFXHJ	分部分项合计		1,002,145.13 分
2	二	B	措施项目	CSXMHJ	措施项目合计		0.00 措
3	2.1	B1	安全文明施工费	AQWMSGF	安全文明施工费		0.00 安
4	三	C	其他项目	QTXMHJ	其他项目合计		0.00 其
5	3.1	C1	暂列金额	暂列金额	暂列金额		0.00 暂
6	3.2	C2	专业工程暂估	专业工程暂估价	专业工程暂估价		0.00 专
7	3.3	C3	计日工	计日工	计日工		0.00 计
8	3.4	C4	总承包服务费	总承包服务费	总承包服务费		0.00 总
9	四	D	规费	RGF+JSCS_RGF	分部分项人工费+技术措施项目人工费	24.09	22,817.06 规
10	五	E	税金	A+B+C+D-C1	分部分项工程+措施项目+其他项目+规费-暂列金额	3.4	34,848.72 税
11	六	F	含税工程造价	A+B+C+D+E	分部分项工程+措施项目+其他项目+规费+税金		1,059,810.93 含
12	七	G	甲供材料费	JGCLF	甲供材料费		77,500.00 甲
13	八	H	工程造价	F-G	含税工程造价-甲供材料费		982,310.93 工

我收藏的常用功能：
⇒ 载入模板
⇒ 保存为模板

62. 问：如何统一调整人工费？

答：在项目管理窗口中，点"统一调整人材机"，在弹出的设置调整范围中选择要调整的单位工程，点"确定"。

63. 问：如何统一调整材料费与机械费？

答：参见如何统一调整人工费，然后调整材料费与机械费即可。

64. 问：如何在项目工程中导入单位工程？

答：新建项目，在项目管理界面中点"导入导出"键，选择添加已有单位工程，弹出界面中选择图中的单位工程，打开，导入成功。

65. 问：如何隐藏项目特征？

答：在数据编辑区点鼠标右键，选择页面显示列设置把项目特征打勾通通去掉，项目特征隐藏，重新打勾则清单中项目特征又显示出来。

66. 问：如何只隐藏部分清单？

答：（1）在数据编辑区点鼠标右键，选择页面显示列设置把主要清单打勾。（2）在主要清单中打勾，不打勾清单则会隐藏。

	编码	类别	名称	专业	主要清单	单位	含量	工程量表达式	工程
	−		整个项目						
B1	− A.1.1	部	土方工程						
1	+ 010101001001	项	平整场地		☐	m2		50000	5
B1	− A.3	部	砌筑工程						
2	+ 010304001001	项	空心砖墙、砌块墙		☐	m3		600	
B1	− A.4	部	混凝土及钢筋混凝土工程						
3	+ 010403003002	项	异形梁		☐	m3		1231	
4	+ 010403001001	项	基础梁		☐	m3		1	

67. 问：打开计价工程时提示：识别不了地区类别，什么原因？

答：锁里没开所打开工程的定额库，或者是非本地区工程，没有安装相关的版本。

68. 问：如何把所有子目的工程清零？

答：工具栏-其他-子目工程量批量乘系数 0 即可。

69. 问：广联达计价软件怎么导出到 Excel？

答：（1）在报表中点右键导出报表即可。（2）也可批量导出报表，在报表界面中选择批量导出 Excel，弹出框中选择需要导出的报表，确定。

单位工程费汇总表

70. 问：投标文件如何进行项目自检？

答：在分栏显示区中点击"发布投标书"，在我收藏的常用功能中点"投标书自检"或"生成投标书"，软件弹出设置检查窗口，设置好需要检查项后，点确定，软件自动检查，检查完毕后，根据标书检查报告修改错误。

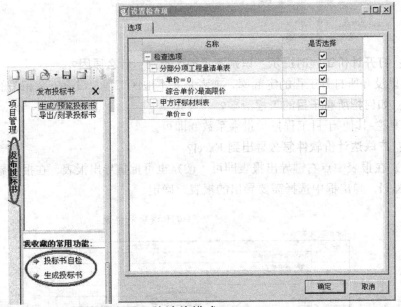

71. 问：**GBQ4.0** 软件分为哪几种计价模式？

答：分为三种计价模式：(1) 清单计价模式；(2) 定额计价模式；(3) 项目管理模式。

72. 问：清单计价模式主界面分为哪几部分？

答：分为九部分：(1) 菜单栏；(2) 通用工具条；(3) 界面工具条；(4) 导航栏；(5) 分栏显示区；(6) 功能区；(7) 属性窗口；(8) 属性窗口辅助工具栏；(9) 数据编辑界面。具体如下图所示。

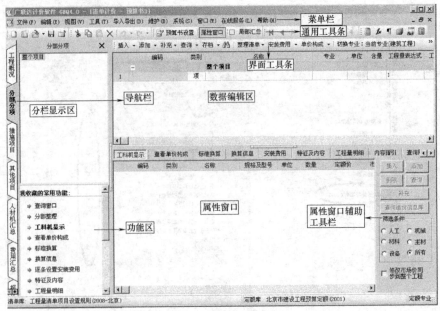

73. 问：项目管理模式主界面由哪几部分构成？

答：由菜单、工具条、内容显示区、功能区、导航栏构成。如下图所示。

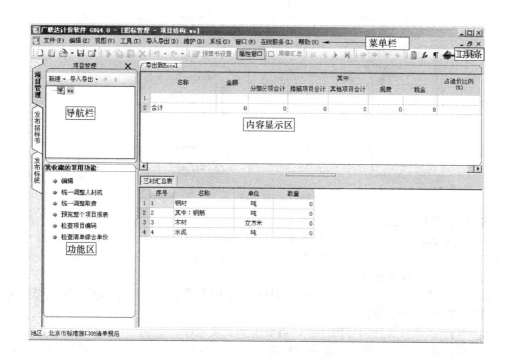

74. 问：如何新建项目工程？

答：打开广联达文件，点新建项目选择计价方式，清单计价或定额计价，输入选择好的清单库与定额库，点确定，新建完成。

75. 问：子目的综合单价和清单的综合单价分别是怎么得出的，它们是什么关系？

答：清单的综合单价是分别由清单下面的各个子目的合价相加除以清单工程量得来的，而子目的综合单价是套取相应的定额参与取费得来的，清单的综合单价是不一定等于子目的综合单价相加的，因为它们的工程量的单位有的是不一样的。

76. 问：为什么工程量清单分析表导入计价软件后所组的单价都发生了变化？

答：因为导入的 Excel 只能导入【工程量清单】，组价内容需要自己输入子目组价。

77. 问：GBQ4.0 中模板系数如何套用？

答：模板一般是按照接触面积计算的，有的定额里，为了计算方便，是根据混凝土的量乘一个定额给定的系数，来计算模板的工程量。

78. 问：广联达计价软件中，如何复制组价到其他清单？

答：选择要复制的清单及子目，点击其他-复制组价到其他清单-勾选需要目标清单。

第4章　广联达GBQ4.0 计价软件问答篇

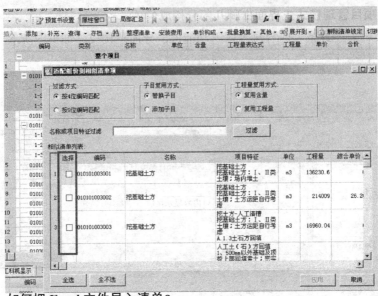

79. 问：如何把 Excel 文件导入清单？

答：在 GBQ4.0 广联达软件新建项目工程-新建单位工程-点开单位工程-屏幕上方导入导出，点导入 Excel 文件-点击选择（建筑或装饰)-确定打开-最下边有识别行、识别列-点击右下角导入，导入成功。

80. 问：GBQ4.0 打不开：新建时出现枚举值【2】不存在；打开以前做的工程时出现"下标访问越界"，什么原因？

答：可能是部分文件损坏的缘故，需要重新安装软件。

81. 问：建立投标文件时，电子招标书导入时提示必须符合"地区标准"，才能导入。怎样才是符合"地区标准"？

答：新建的造价文件，需要和要导入的文件选择相同的清单定额才行。

82. 问：地方的广联达有"人工、材料、机械数量及价格表"吗？招标时给的表格，为什么软件里找不到？

答：需要在报表管理中找一找，一般地方性的报表就在这里面。

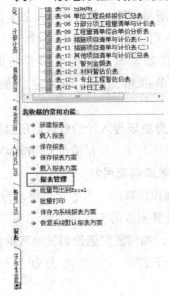

83. 问：投标总价表中小写大写及单位工程投标报价汇总表中投标报价合计如何取整？

答：在报表页面右键—报表设计—光标放到小写的单元格上右键—设置单元格格式—格式—将显示小数位数修改为【无】。但是大写不行，需要在大写位置直接输入大写整数的，需要放在总价单元格上修改。

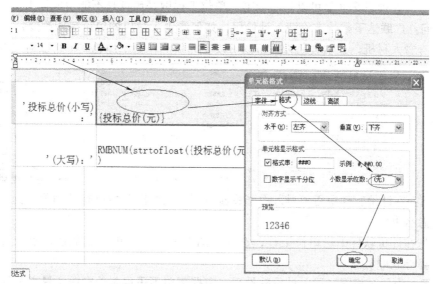

84. 问：如何显示出综合单价及主材价格？

序号	项目编码	工程项目名称	单位	数量	综 合 单		
					人工费	材料费	机械使用费
1	030204018003	配电箱	台	3	84.24	4041.22	
	C2-308	成套配电箱安装悬挂嵌入式(半周长1.0M)	台	3	84.24	4041.22	
	主材	成套配电箱安装悬挂嵌入式(半周长1.0M)	台	3		2000	

答：在报表的界面，载入报表—08 清单常用报表—分部分项报表—"分部分项工程量清单综合单价分析表"。

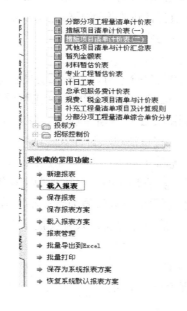

85. 问：为什么报价汇总表只有分部分项的金额，还有规费和税金，没有措施费？

答：如果措施项目中需要输入措施费，而没有输入，则汇总表中无措施费。

86. 问：**GBQ4.0** 装饰预算做好后，生成投标书时，为何会出现"投标书生成失败，工程文件不符合标准接口文件的规定，请先进行投标书自检的提示？"

答：一般在项目文件里可以生成标书，单位工程做好预算是不能生成标书的。

87. 问：**广联达下载的市价载入计价里，如何看到人材机的单价有所改变？**

答：查看人材机，显示黄色为按市场价改变的单价，显示白色的单价没有改变。

	六	综合工日（H防水等）		工日							
3200603	人	综合工日（ ）		工日	6.9826	28.43	75	523.7	46.57	325.18	自行采购
32007	人	综合工日（防水）		工日	30767.5034	30.81	75	2307582.76	44.19	1359615.98	自行采购
3200702	人	综合工日（防水屋面等）		工日	141.6624	30.81	60	8499.74	29.19	4135.13	自行采购
3200703	人	综合工日（屋面防水等）		工日	15.03	30.81	75	1127.25	44.19	664.18	自行采购
3200801	人	综合工日（H防水等）		工日	234.2379	34.35	80	18739.03	45.65	10692.96	自行采购
32013	人	其他人工费		元	517146.344	1	1	517146.34	0	0	自行采购
31	人	钢结构制作安装增加费		t	7.97	1000	1000	7970	0	0	自行采购
3101	人	钢结构制作安装增加费		t	0.891	2000	2000	1782	0	0	自行采购
3GFTZ	人	人工费调整		元	286773.551	1	1	286773.55	0	0	自行采购
01001	材	钢筋	Φ10以内	kg	95149.9505	2.43	4.99	474798.25	2.56	243583.87	自行采购
0100101	材	I级钢,直径6mm	Φ10以内	kg	114767.2	2.43	4.87	558916.26	2.44	280031.97	自行采购

88. 问：**在计价软件中需要导入图形算量时"导入导出"中所有选项显示为灰色，无法导入，怎么办？**

答：先在计价软件中建单位工程，选择同图形一样的清单或定额后，点分部分项工程，再选择导入即可。

89. 问：**为什么将图形导入计价软件后，有些清单下子目单价空白，只有工程量？**

答：因为子目不是定额库中标准子目。

90. 问：**生成投标书时的投标书信息窗口，如何填写法人代表、投标保证金、投标人证书号、指标单位、指标数量？**

答：在生成投标书的时候会出现投标书信息窗口，里面要求填写法人代表、投标保证金之类的，但是投标人证书号按实际情况填写即可，指标单位、指标数量是在预算书设置里输入建筑面积数据，由软件生成的。

91. 问：**在 GBQ4.0 中如何汇总相同的清单项？直接在图形中导入到计价 GBQ4.0，但是发现相同项目特征的清单项在计价中没有汇总，怎么才能汇总呢？**

答：没有办法汇总，需要手动修改，执行分部整理后就一目了然了。

92. 问：**在何处下载材料信息价？**

答：在广联达服务新干线的信息价中可以下载需要的信息价文件，再导入即可。

93. 问：**在 GBQ4.0 新建清单时，清单库中有 08 工程量清单项目计算规则和 02 工程量清单项目计算规则？何时可用 02 工程量清单项目计算规则？**

答：03 清单是国家标准，工程量清单项目计算规则（2008）是按 03 国标编制的，所以要选择工程量清单项目计算规则（2008）。定额库选择建筑工程计价定额（2008），执行新计价定额，旧的应停止使用，除非是在旧定额执行期正在施工且尚未办理结算。

94. 问：**GBQ4.0 规费税金项目清单计价表为什么不出数据？**

答：GBQ4.0 规费税金项目清单计价表，只有设置好相应的费率和税金系数以后才能出数据。

95. 问：**报表的格式如何修改？**

答：在报表中点击右键-报表设计即可。

96. 问：建筑工程和安装工程可以同时存在于一个单位工程中吗？

答：可以，只需要修改单价构成文件中的类别即可，但要注意建筑工程和安装工程要按各自不同的费率调整。

97. 问：同一单位工程下的建筑工程清单可以选择不同费率吗？

答：可以，选择需要调整的清单，点击查看单价构成，可以直接修改费率。如下图所示。

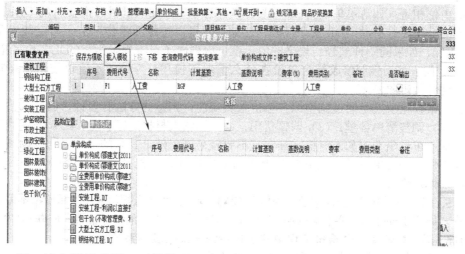

98. 问：广联达计价软件里综合单价组成如何调整？

答：综合单价里面只取了管理费和利润，没有规费和税金，在单价构成里面载入模板中有相应的取费模板，如果要综合单价显示全费用（包含规费税金组合措施等）可以选择全费用模板。

99. 问：检查投标书后，对措施项目进行修改，生成的报告还是没改之前的那几行错误，怎么办？

答：不用担心，修改数值后可以重新生成新的文件。

100. 问：Excel 导入到 GBQ4.0，识别行出现无效行，如何调整？

答：无效行内的内容如果没用，导入后软件会自动删除无效行，如果有用，那就手动识别。

101. 问：导入图形算量 GLC2008 之后，项目特征一个都没有，如何一次性描述上所有的项目特征？"应用规则到全部清单"怎么用？

答：清单的特征是需要自己添加的。如下图所示。

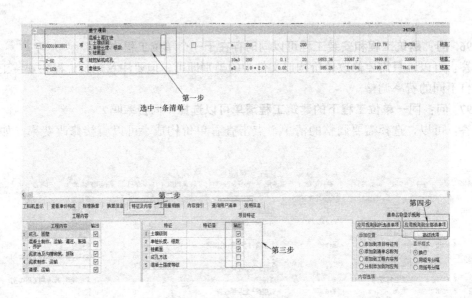

第一步
选中一条清单

第二步　　　　　　　　　　　　　　　　　　　第四步

第三步

102. 问：可以用广联达计价软件 GBQ4.0 编辑施工方的电子标书 GEB4.0（已做好的投标书）吗？

答：这个文件是不能够导进计价 GBQ4.0 的程序的，因为那份文件已经是投标书的格式，只能导进电子光盘作为投标用。

103. 问：子目工程量如何自动等于清单工程量，QDL 如何调出来？

答：这个 QDL 的代码，是自动生成的，每增加一项清单，只要是加入子目的单位与清单的单位相近（如清单单位为 m²，子目单位为 m²），加入子目时都会出现 QDL。如果单位不同，也可以借助 QDL 这个代码，比如：门可以按樘为单位，但子目定额中都是以 m² 为单位，如果同一种型号、规格的门，就可以列出子目工程量为：QDL×长×宽。

104. 问：请问强制修改综合单价在什么情况下使用？为什么不建议使用，强制修改后会出现什么现象？

答：市场竞争就是通过调整综合单价来实现的，调整的方法有多种，（1）调整人材机单价；（2）调整清单含量；（3）调整费率；（4）调整人材机定额含量；（5）增减清单定额项等。除不可竞争费率和人材机定额含量不要轻易调整外，其余的都可以随意调整。

强制修改综合单价后，此清单单价再调整含量或人材机价格后综合单价都不会再改变，所以慎重修改。

105. 问：已做好的 Excel 报价表中导入 GBQ4.0 后，为什么报价表中的单价都不见了？

答：导入 Excel 后，单价需要重新组价，报价表中的单价是不能导入广联达中的。

106. 问：如何使整个报价工程中的工程量统一乘相应的系数？

答：点其他-工程量批量乘系数，如下图所示。

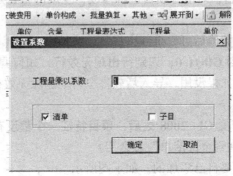

107. 问：是否在人材机里面把价格更改好，就不用在费用汇总表里进行人工费调整了？

答：是的，软件按文件自动调整人工价差这部分费用。

108. 问：在费用汇总表里的人工价差和人工费调整是不是一个意思呢？

答：不一样，在人材机中调人工费，会按相关规定计取措施费等其他费用；在差价中调整，不取费。其他的，软件会自动处理。

109. 问：相同的清单不同的工程，如何把已套好的清单拷贝到下一工程中？清单都差不多，就是工程量有变化，如何处理？

答：可以在一个项目下新建几个单位工程，然后导入。

110. 问：怎么上调清单计价软件的机械费、管理费和利润？

答：在广联达4.0计价软件设置清单计价模板，打开"单价构成"——点击"单价构成"——机械费调整在对话框"计价基数"栏的JXF字母后乘以相应系数，比如要增加5％则乘以系数1.05——企业管理费、利润调整在相应费率栏直接修改费率即可——调整完后点击"确定"调整操作完成。

111. 问：怎么更改子目中的材料名称？

答：在相应的定额下面点击工料机显示，修改材料的名称、规格及价格。

112. 问：如何调整清单中的小数位数？

答：在报表设计里面进行调整，如下图所示。

113. 问：GBQ4.0中，模板工程如何输入清单和子目？

答：在措施项目中已有的清单中直接套入定额即可。

114. 问：钢筋抽样做完，导入图形算量，导入完毕但无法显示钢筋，组价亦没有钢筋部分，是什么原因？

答：导入到图形中的只是图形，钢筋信息是不能导入的，可以在【表格输入】中添加钢筋的清单项，将钢筋汇总数据手动输入进来，这样在导入到计价文件时，就一次性导入了。

115. 问：清单计价软件 GBQ4.0 中如何把机械台班、人工等消耗量、设备、材料表打印出来？

答：打开报表，选择单位工程人材机汇总表，打印。

116. 问：工程的经济指标，从"报表-报表管理-报表管理器-指标报表-建设工程技术经济指标分析表"中查阅大部分为空表，只有部分材料的综合单价和数量，如何完整地填好此张表格？

答：建设工程技术经济指标分析表是根据前面单位工程中的指标信息关联的，首先在指标信息中输入相应的信息，显示 ＊ 的都必须填写，如下图所示，报表中才能关联。

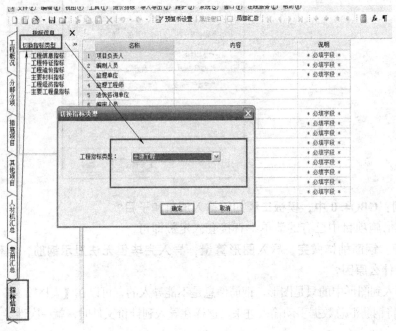

117. 问：在措施项目中已经套好相应的模板项目，是否可以直接输入分部分项中相应的混凝土工程量来作为模板的工程量？

答：在措施项目中有个"提取模板子目"的功能，直接提取，选择模板子目统一放在特定措施项下。

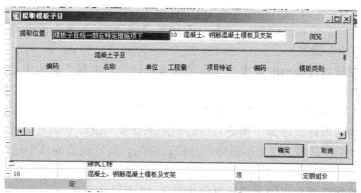

118. 问：在计价工具栏中"商品混凝土调整"，如何选择含泵送费？如果包含泵送费是否在材料调差中将混凝土价格直接调成含泵送的价格就可以？如果不含泵送费，是否需要另套一个混凝土泵送子目？

答：在计价工具栏中"商品混凝土调整"，如果选择含泵送费，在材料调差中将混凝土价格直接调成含泵送的价格就行。如果选择不含泵送费，而实际采用的泵送混凝土，要另套一个混凝土泵送子目。

119. 问：GBQ4.0 清单计价中项目暂定金额如何处理？为什么其他项目里的暂列金额暂估价是 0，数据无法输入？

答：（1）在分部分项清单中输入时，有暂估价这个费用属性，需要选择才有，具体的位置为定额下面的工料机显示的后面属性框中。（2）可以利用右键选择插入行来实现，这时输入数据就可以了。

120. 问：如何把人工统一下浮 6 个点？

答：工具——调整人工费×0.94——调整材料×0.9。

121. 问：怎样在广联达清单计价中设置全费用综合单价？

答：在《单价构成》的费用文件中，有全费用文件供选择，不需要自己设计。

122. 问：GBQ4.0 专业工程暂估价无法录入是什么原因？

答：专业工程暂估价需要在人材机中界面中打勾，如下图所示。

123. 问：在套价中管理费和利润在哪里修改？

答：分两种情况：（1）全局调整，可以在上面的单价构成里修改管理费和利润，修改全部子目的管理费和利润的费率：在分部分项界面中的左边功能栏中点击"设置单价构成"，然后点击下面的"单价构成管理"，在弹出的对话框中选择需要的工程，在右边去修改管理费和利润的费率。

（2）只修改部分子目的管理费和利润，可以在子目属性窗口里直接修改管理费和利润。修改单个子目的管理费和利润的费率：在分部分项界面中，先把鼠标放在需要修改的定额子目上（注意不要在输入状态下），点击左边功能栏里的"查看单价构成"，在下面的对话框会显示出这个子目的取费，点击左下角的"编辑"，在弹出的对话框中进行修改，修改完点击"应用"即可。

124. 问：投标书自检的时候提示措施项目清单计价表中有几条的综合单价为 0，这种情况怎么处理？

答：这种情况不用处理，因为一般建筑这个清单项是用不到的。

125. 问：利用钢筋软件算出钢筋怎么导到清单计价 GBQ4.0 中进行计价？

答：钢筋软件做完的工程是不能导入计价软件的，而且钢筋软件中也是不能导入到定额的。

126. 问：怎样在某工程的清单控制价中加入 30 万暂列金？

答：（1）在【其他项目清单】内加暂列金；

（2）在【计费基数】内直接输入暂列金额；

（3）暂列金是不参与取费的。

127. 问：如果在做清单时，不想要"分部"，只需要保留"分部"下的清单项，复制后原清单项的项目编码就会改变，如何做才能使原清单项的项目编码不变？

答：由于同一个工程不允许有相同的子目编码，所以无法操作。

128. 问：如何把材料的 2%采保费计入综合单价？

答：信息价＝出厂价＋运输费＋采保费，载入市场价或定额价已经包含了。

129. 问：在补充定额时，怎么知道将要补充的定额的项目特征、工作内容和计算规则等？

答：看施工图纸的说明和标注，计算规则可以按定额中的计算规则填写。

130. 问：GBQ4.0 中如何使用计算器功能？

答：点击通用工具栏中的计算器功能即可。

131. 问：GBQ4.0 可以同时打开两个不同的工程吗，如何查看？

答：可以，同时打开两个不同的工程后，可以在窗口中切换两个或几个工程。

132. 问：每次点检查与招标书的一致性，软件都会提示先生成电子招标书，何时使用电子招标书功能？

答：如果投标文件是导入招标文件做的，可以使用这个功能，如果不是不需要使用这个功能。

133. 问：打印分部分项清单时只有项目特征，如何打印工作内容项？

答：在分部分项点右键-页面显示列设置-清单工程内容-勾选即可。

134. 问：检查与招标书的一致性，此项功能的作用是什么？

答：针对电子评标时有电子招标文件，在做投标文件时是导入文件编辑的，使用这个功能检查与招标书的符合性。

135. 问：信息价怎么导入软件？

答：使用信息价，需要在服务新干线上面下载信息价文件，安装完毕后，打开计价软件 GBQ4.0，在人材机汇总界面，有信息价窗口，选择对应的信息价就可以使用了。

136. 问：打印清单计价表时，不想打印项目特征那一列，如何操作？

答：点击"报表设计"在设计页面删除项目特征那一列就可以了。

137. 问：广联达做安装预算时，脚手架怎么考虑？

答：在"安装费用设置"中设置，软件会计算脚手架费用，并放到措施项目费里。

138. 问：人材机中调整单价后，如何再次载入信息价，调整后的单价会有变化吗？如何反复修改人材机价格？

答：调整后的人材机会变成黄色，如果再次载入信息价，已调整后的单价不再修改，软件只会对未调整的单价进行修改。如果需要对已修改过的单价再次修改，只能手动调整。

139. 问：人防工程措施费费率在哪里计取？

答：可以在"人防定额"中的措施项目一章中去找措施费费率。

140. 问：什么时候出现价差与差价，它们的区别是什么？

答：价差＝定额价－市场价，差价是结算时有的一般材料价的变更引起的价格不同。

141. 问：在统一调整人材机中修改市场价后，软件在报表里是不是自动生成价差？

答：在统一调整人材机中修改市场价后，软件在计算汇总后在报表里是自动生成价差表的。

142. 问：计价软件里不知道怎么导入图形算量文件，具体如何操作？

答：算量和计价必须是同定额计价或者同清单计价才可以导入，直接在计价软件菜单栏上面导入导出里，导入广联达算量工程文件，查找图形算量文件。

143. 问：计价软件中已经调整过价差后（就是市场价和清单价的价差），又修改了工程量，改后还用对这部分再次调价吗？

答：没有添加其他定额子目已经调好价差了就不用再调整了，只调整工程量对已经调整的价差是没有影响的，所以不用再调整价差。

144. 问：按市场价组价和不按市场价组价的区别是什么？为什么按市场价组价，整个工程的总价却变少了？

答：因为市场价格是动态的，而定额价是在某一时期的价格，这一价格与市场价相比，如果大部分材料市场价低于定额价，就会出现"按市场价组价，整个工程的总价却变少了"的情况。

145. 问：导入标段是什么意思？

答：标段就是项目工程文件。可以包括多个单项工程，每个单项工程又可以包括多个单位工程。

146. 问：在工料机显示的数字中，红色是什么意思？

答：工料机里红色的字体表示这条子目下对应的人材机的定额含量已被修改，只起一个标记的作用。

147. 问：人材机汇总的预算价可以修改吗？

答：在计价软件，人才机汇总界面里所有的材料价格都是可以根据市场价格修改的，修改之后对应的人材机就会变成黄色，可以方便查看哪个材料市场价被修改过了。

148. 问：计价软件中的项目特征是软件本身自带还是按照图纸总说明写上去的？

答：项目特征要按图纸说明跟施工组织设计，如果是导入的清单，则为原清单上的项目特征。

149. 问：清单格式如何转换成定额格式？

答：新建定额计价工程，分部分项界面，导入导出-导入清单工程即可。

150. 问：费用汇总表中这个数字是怎么得来的呢？

7	P	按合同应扣除认质认价材料（原定额材料价）	337250.72

答：在汇总界面默认的界面是没有这一项的。这应该是甲方发的招标文件里面手工添加进去的，应该是总造价减去甲乙双方认质认价的材料费（原定额材料价）。

151. 问：清单计价中，工料机显示栏中的费用调整是如何计算出来的？

答：如果调整了子目中的单价，工料机显示中就会出现费用调整。

152. 问：GBQ4.0计价软件人材机中，为什么有些材料用蓝色显示？

答：修改过的市场价不同于定额价，市场价就会用蓝色表示。

153. 问：个别清单项能不能改颜色或者用其他方式标注一下？

答：可以用软件中【背景色】来更改，如下图所示。

	编码	类别	名称	标记	清单工程内容	项目特征	单位	工程量表达式	含量	工程量	单价	合价
			整个项目									
1	- 010401001001	项	带形基础				m3	1		1		
	4-4-3	定	砼运输车运砼5km内		混凝土运输		10m3	1	0.1	0.1	296.35	
	1-4-6	定	机械原土夯实		夯实		10m2	1	0.1	0.1	6.3	
	1-4-7	定	原土机械碾压		夯实		10m2	1	0.1	0.1	1.18	
2	- 010402001001	项	矩形柱				m3	1		1		
	4-4-3	定	砼运输车运砼5km内		混凝土运输		10m3	HNTJBGCL	0	0	296.35	
	4-2-17	定	C254现浇矩形柱		浇筑		10m3	QBL	0.1	0.1	3211.21	3
3		项					m3					
4	- 010403001001	项	基础梁				m3	1		1		
	4-4-18	定	柱、墙、梁、板现场搅拌砼		混凝土制作		10m3	HNTJBGCL			238.81	
	4-4-4	定	砼运输车运砼每增1km		混凝土运输		10m3	HNTJBGCL			41.85	

可以用ctrl
不连续选择
然后点击
填充色即可

154. 问：GBQ4.0清单报表中怎么显示主要清单表？

答：可以在前面分部分项中设置分部，然后局部汇总即可。

155. 问：对于定额计价和清单计价，措施费的计取有什么不同？它们的费率是一样的吗？

答：对于定额计价和清单计价，措施费的费率计取是一样的，可以去查询当地建设行政主管部门颁布的有关计费文件。

156. 问：如何将 GBQ4.0 中清单综合单价分析表横表变成竖表？

答：打开报表设计—工具—页面设置—横向—确定—保存即可。

157. 问：计价软件导入图形文件后，为什么清单都分区域了？导入后的清单都是分楼层的，如何解决？

答：是否是自动分部，如果不要分部的话可以删除分部。点击整理清单，如果是分楼层的话，合并清单项即可。

158. 问：为什么在工程量清单模式下修改工程量后，投标清单综合单价变了？

答：有两种情况：

（1）清单项组价中不止是套一个定额子目标，清单工程量变了，但定额工程量不一定都随着比例变化。

（2）清单工程量变小，综合单价变高；清单工程量变大，综合单价变低。原因是定额子目工程量未变（一个清单下一个子目）。

如果只想改变工程量不改变综合单价的话，有一个锁定综合单价，打勾就可以了。也可以在修改清单工程量前，记忆下综合单价，修改后利用软件中有一个功能在"其他"中"强制修改综合单价"即可。

159. 问：**项目下的每个单位工程（清单计价模式）如何导成定额计价模式？**

答：项目管理栏有个导入导出下的导出单位工程，导出的是 GBQ 文件，然后新建定额文件，在导入导出的导入清单计价工程，选择要转换的清单即可。

160. 问：**广联达计价软件里怎么出主要工日价格表和主要机械台班价格表？**

答：主要工日价格表，主要机械台班价格表和主要材料价格表这 3 张表格是在人材机汇总界面去选择的，首先切换到人材机汇总界面，点击甲方评标主要材料表，再点击从人材机汇总选择，在这个界面选择需要的人工、材料或是机械，选择好之后点击确定，报表中才会有相应的内容。

161. 问：**广联达中特殊符号怎么输入？**

答：特殊符号的位置见下图，点截图圆圈中的按钮即可。

162. 问：**广联达软件加 2011 定额或者加修缮定额升级后，工程造价为何会变更？**

答：计价软件的升级是因为对人、材、机的价格中的某一部分进行了调整，所以在软件升级后随着人、材、机价格的调整工程造价肯定也会有变动。

163. 问：**在广联达 GBQ4.0 中以直接费为计算基数、以人工费和机械费合计为计算基数、以人工费为计算基数等，怎样设置？**

答：费用汇总里面有计算基数，双击以后就可以选择了。

164. 问：**查询安装定额编号时，如何将关联子目对话框放在定额对话框之上？**

答：直接拖动即可。

165. 问：广联达计价软件中规费在哪里修改和显示？

答：在费用汇总里修改和显示。

166. 问：在分部分项清单界面可以排序，在措施项目界面怎样排序？

答：在分部分项清单界面可以排序，在措施项目界面是不需要重新排序的，一般按默认。可以通过删除、增加行来修改。

167. 问：工程名称如何重新修改？

答：在工程概况-工程信息-工程名称中输入。

168. 问：和施工方在合同中约定综合人工按 140 元每工日计算，但取费只按照 42.06 来取，在软件中该如何操作？

答：在计价软件里面"人材机汇总"可以直接调整人工的市场价，调整以后软件就按照市场价来计取费用了。

169. 问：09 表格-综合单价分析表（所有材料）中，配合比材料所消耗的详细材料应该显示，而不应只显示配合比材料一项，广联达能否做到？

答：综合单价分析表（所有材料）中，广联达软件详细材料是可以显示的。在人材机汇总表中显示；综合单价分析表中也可以显示。打开子目前的小＋号，在对应子目下可以查看本子目的详细材料量。点主要材料，可以设置需要显示的材料，勾选。

170. 问：Excel 表格是从广联达软件中导出来的，但在导入 GBQ4.0 清单计价软件时，项目特征、工程量表达式、工程量及综合单价总是不能识别，是什么原因？

答：查看导入清单是否为标准格式清单，导入清单行与列都要识别清楚，否则无法识别。

171. 问：GBQ4.0 中分部分项的清单怎么复制到措施费当中去？

答：先在措施栏内增加一空格，复制分部分项的清单，粘贴到措施栏内新增空格上；三类工程改为四类工程：打开费用设置上的框内直接进行选择修改。

172. 问：把图形算量的报表导入 GBQ4.0 里不显示项目特征如何处理？

答：首先在图形算量中描述，汇总计算，然后导入到计价软件中，应用规则到所选清单项。

173. 问：用 GTB 文件做的投标，报表中为何没有人材机汇总？

答：进入其中一个单位工程，在报表管理里面找到想要的【人材机报表】，然后【批量复制到工程文件】，保存后进入项目中，当前单位工程报表方案应用到，这样其他单位工程中就会显示汇总。

174. 问：清单项目或是定额项目中补充材料与补充主材的区别是什么？它们最后的费用总额一样吗？为什么？

答：这个现象在安装专业才会有，主材是未计价主材，是独立地进入总价。补充材料是要进入到子目费用中的。

175. 问：单价构成中的人工费单价是怎么得来的？

答：单价构成中的人工费是人工费的含量与市场价相乘得来的。

176. 问：如何把 GCL2008 中的清单导入进 GBQ4.0？

答：打开 GBQ4.0 用工具栏里面导入导出中的导入广联达算量工程文件，选择文件，软件就能导入。

177. 问：GBQ4.0 清单中综合单价如何整体下浮？

答：综合单价下浮，直接在分部分项界面中的单价构成中添加，需要注意的是子目套用的专业和修改的专业要对上。

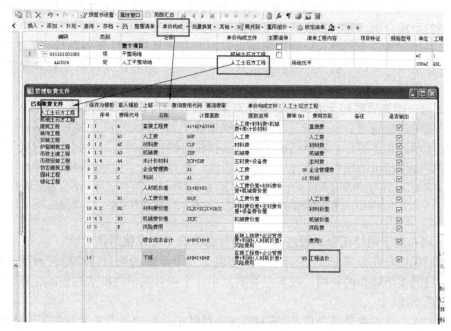

178. 问：一个单位工程导入两个分部，如何删除其中一个分部？

答：首先解除清单锁定，再用鼠标单击左侧导航栏的整个项目，在右侧编辑界面选中要删除的分部右击删除即可。

179. 问：如何将工程量清单改成招标形式？

答：新建一招标项目，按招标工程里清单新建单位工程，然后把招标工程量清单导入到新建的单位工程里面。

180. 问：在安装计价软件、导入信息价后怎么不能具体看到信息价呢？

答：安装工程主材目前是按市场价计算的，直接输入即可。

181. 问：补充子目里的专业章节的选择是必须的吗？不选可以吗？

答：补充子目里的专业章节的选择不是必须的，不选也是可以的。

182. 问：如何补充定额子目中的人材机？

答：在定额子目的空白栏里点击右键，选择补充子目/材料/暂估价等需要的补充项，再输入相应的定额子目名称、单位、单价、数量即可。

183. 问：GBQ4.0 如何换算？怎么换算里面的材料呢？

答：先进行标准换算，如果先进行系数换算，标准换算时会把系数换算替换的。但GBQ4.0 可以选择是否追加。可以在批量换算--选择人材机换算或批量换算。

184. 问：对于税金直接按照一口价，而不是通过费用组成，如何操作？

答：在费用汇总界面找到这个项目，在该项目的计算基数中直接输入这笔费用即可。

185. 问：如何查看分部分项材料费的合计？

答：在费用汇总界面，点击下方查看费用代码，可以查看到很多费用的合计，分不同界面来进行区分。

186. 问：如何调整机械的市场价？

答：两种情况：

（1）通过机械组成内容，例如：水、电、人工等。这时可以点击上方工具栏"预算书属性设置"，然后在下方配合比选项中勾选机械台班组成分析，这时人材机汇总界面就会出现机械的组成分析，然后直接修改市场价即可。

（2）直接修改一个机械台班的市场价。点击上方工具栏"计算书属性设置"，然后在下方配合比选项中勾选"机械台班可直接修改市场价"，然后在人材机汇总界面就可以直接修改一个机械台班的市场价了。

187. 问：措施项目对于混凝土模板及支架项目，如何快速套取清单、定额？

答：选中该措施项目，点击上方的"提取模板子目"，软件可直接和分部分项界面的混凝土实体项目相连接，针对自己的工程，选择相应的模板类型以及超高模板类型，软件直接根据定额中给出的模板系数计取模板工程量，超高模板工程量需要自行给出。

注：如果发现有部分需要计取模板的混凝土项目没能提取出来，可以核对一下定额附录中的模板用量参照表，看该表中是不是没有给出相应的模板系数，这样软件就没有依据，该部分定额及工程量只能自行给出。

188. 问：对于局部汇总工程怎么使用，什么情况下可以使用该功能？

答：如果用户在分部分项/预算书界面套取了几个分部的项目，希望查看到其中一个分部内项目的整个取费的费用，或者想看到其中几个项目的最终取费过程的金额，可以使用局部汇总功能。

操作方法：首先在分部分项/预算书界面在局部汇总列勾选需要参与局部汇总的项目，如果涉及措施项目，需要到措施项目界面将措施项目也进行勾选，最后勾选功能区局部汇总位置，软件就会只针对勾选的项目进行取费。

189. 问：补充清单如何存档？

答：软件中补充完清单之后，可以用存档用户清单把补充的清单保存起来，再用到这条清单项，可以通过查询用户清单找出来使用。在分部分项界面中，收藏的常用功能中选查询用户清单，可以在用户补充清单中找到自己补充的清单项。

190. 问：清单计价如何保证修改清单工程量而清单综合单价不变？

答：在分部分项界面点击鼠标右键，选择"页面显示列设置"，在弹出的对话框中，勾选"锁定综合单价"。分部分项界面就能看到锁定综合单价这样的一列，需要锁定的清单项目可以直接在相应的位置勾选，如果整个项目都需要锁定，则可以在整个项目位置勾选。

191. 问：在清单计价中，输入好后查看某一项清单单价构成时，为什么直接费＋管理＋利润不等于该项清单的价格和？

答：清单计价的精度是三位小数，是小数点精度的问题，建议自己手动调整。

192. 问：清单计价中取规费的基数是什么？

答：分部分项费用＋措施费用＋其他项目费，不同地区可能不同，具体基数根据自己的实际需要来确定。

193. 问：从定额计价导到清单计价时，直接费为什么不一样，以至于总价也不一样？

答：定额计价与清单计价的总价肯定不一样，定额计价方式是直接费合计后再取费，而清单计价方式是分部分项工程费合计，其中包含管理费、利润和风险费用，两种取费方式不一样，结果是有区别的。

194. 问：如何将措施费中安全文明施工费的分项费用设置出并打印至措施项目汇总表中？

答：在措施项目界面，复制-粘贴安全文明施工费，填写安全文明施工费的分项费用名称，修改费率为分项费用费率即可。

195. 问：清单组价已经完成，根据要求统一下调综合单价 5%，在单价构成里面添加了一行下浮费用，但是综合单价却没变是什么原因？

答：综合单价下浮，直接在分部分项界面中的单价构成中添加，注意的是子目套用的专业和修改的专业要对上。

196. 问：清单的措施项目如何导入，在导入 Excel 时计价无法导入。在导入措施项目时导入后看不到工程量和项目编码，为什么？

答：导入清单的措施项目时只能导入项目名称、序号、单位、备注，不能导入其他内容。对于可计量措施，才可以导入工程量和项目编码。如果看不到工程量和项目编码，需要看一下对应列有没有识别，对应行有没有识别，如果没有识别需要手动识别。

197. 问：怎样输入多个工程量计算式？

答：在工程量表达式里面，可以任意输入工程量计算式，软件自动给出计算结果。

198. 问：GBQ4.0 清单中补充项目的材料检验试验费如何取消？

答：材料检验试验费是项目措施费，不能取消，这个费率是综合测定的，如果一定要取消，可以在收取材料检验试验费的计算基础里减去补充项目的材料基价，比如，分部分项工程费是 FBFXHJ，其中补充项目是 2000，直接在代码后面减去就可以，如FBFXHJ-2000。

199. 问：为什么在 GBQ4.0 导入 GCL2008 的清单什么也没有？

答：有两种原因：

（1）在图形 GCL2008 工程中没有套做法；

（2）套了做法没有汇总计算。如果选择了工程量表，可以自动套用做法。

200. 问：怎么把 08 定额的说明文件调出来？

答：两种方法：（1）点击菜单栏帮助；

（2）快捷键 Alt＋H。

201. 问：GBQ4.0 中如何修改管理费？

答：调整管理费，可在分部分项页面的单价构成中修改。在上方的工具条中，点击【单价构成】，弹出的窗口中，直接修改管理费的费率，即可降低管理费，如下图所示。

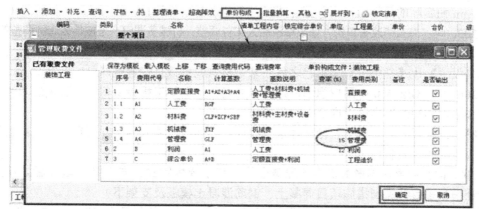

202. 问：【费用汇总】界面点取费设置，但是在此界面中没有找到取费设置？

答：【费用汇总】界面点"取费设置"的位置参看下图。若被隐藏，可以点击菜单视图，选择"显示导航栏"即可显示。

203. 问：图形导入计价软件后，改了名称仍没有分开列项？

答：要想图形中的各构件的工程量分开列项，那么在图形中相同构件套项时要标注详细。如：垫层，套做法时是一样的，就会合并到一起了，要想分开就必须在做法定额子目的"项目名称"中注写上是"基础垫层"或"地面垫层"。

204. 问：标准换算里已经改了实际厚度，是否还需要再套一个砂浆增减子目？

答：在标准换算中填写了实际的厚度，软件会自动进行计算的，如果软件默认的厚度是 20mm 而实际的是 30mm，它会自动套一个砂浆增减子目。

205. 问：怎么修改省单价？修改单价后人工费调整，机械费调整，是按什么比例调整的？

答：可以在人材机汇总界面修改【省单价】，如果没有这一列，可以通过右键【页面显示列设置】让【省单价】显示，之后在某条材料或机械直接调整即可。

206. 问：GBQ4.0 中用户想修改报表中的名称，例如工程量清单计价表中的××工程名称和下面编制信息中填上内容，如何操作？

答：进入报表后，点击右键选择报表设计，在横线上输入内容，再在下方的页面设计中修改想要的报表名称。

207. 问：如果在图形算量中给混凝土构件套了模板定额，导入计价软件后如何操作才能让模板子目计算到措施项目混凝土、钢筋混凝土模板及支架下？

答：在图形中模板子目后有"措施项目"，将其勾选，并将子目位置设置在"混凝土、钢筋混凝土模板及支架"下即可。如果给模板设置了"措施项目"后，查看报表时要点击"措施项目"才能看到模板子目。

208. 问：招标文件中清单报价的表格，在广联达软件中不存在，如何处理？

答：招标文件中清单报价的表格，在广联达软件中不存在，可以在电子表格里按招标文件中清单报价的表格编制。

209. 问：超高降效怎样计取到措施费中？

答：在分部分项界面的【超高降效】—【计取超高降效】，选取 15-1 或 15-2，然后点确定即可。

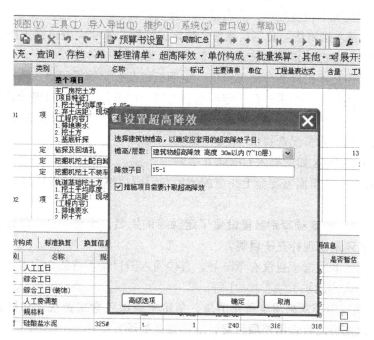

210. 问：目前做清单一般是由措施费＋清单费＋规费和税金等成为整个工程造价，如何将一部分取费一并加入清单单价中？

答：在清单编辑界面，点击上面的单价构成，选择单价构成，在表里增加所需的费用就可以了。

211. 问：计价软件中价材料如何输入备注？

答：主材输入备注只能在人材机汇总界面修改。

212. 问：GBQ4.0（清单计价模式下）给模板添加清单时，为什么没有模板的清单？

答：在措施项目中套模板是不需要套清单的，因为是措施费，所以没有清单项目。

213. 问：GBQ4.0 中如何把已经设置好的 09 消耗量定额改成 04 的？

答：无法直接修改，可将清单导出，然后新建工程导入。

214. 问：GBQ4.0 文件中复制粘贴功能是灰色的，不能用，是什么原因？

答：把要复制的部位按右键点蓝，粘贴之前要看是否对位。清单项粘贴到清单项，此现象还有可能是清单被锁定的原因。

215. 问：图形算量导入计价软件后，清单项目为什么都合并了变少了很多，比如，不同形状的柱子都在一个清单项目下，量也都合并了，怎么才能使其按不同截面分开列项？

答：这是因为在算量文件中，所套清单项的名称没有加后缀，都是完全一样的，套不同的清单项，就不会合并了。

216. 问：为什么服务新干线网站上下载的造价信息无法查看？

答：GBQ4.0计价软件所用的造价信息是一种不可阅读的文件，只有导入到GBQ4.0后在人材机中方可出现造价信息中的数据。只要将当地的造价信息下载到指定的文件夹内，然后打开GBQ4.0计价软件—点击人材机—点击右侧载入市场价—在出现的对话框上面条框内选择所需的信息价文件夹，点击所需月份造价信息即可。

217. 问：工程预算书封面上的经济指标和编制日期如何设置？

答：在工程概况里设置处理。点右键，点报表设计，然后将信息输入即可。

218. 问："技术措施费"套了定额怎么确定工程量，像"大型机械进出及安拆"、"垂直运输"之类的，怎么确定这些技术措施的费用，输入到软件里？

答：在软件中技术措施费分清单组价、定额组价及按实物量组价。清单组价和分部分项很相似，先套用清单和套用子目。定额组价直接套用子目。实物量组价是直接输入一笔钱也就是包干价。清单组价和定额组价的工程量根据清单规则或定额规则分别计算。选用哪种组价需要根据实际情况选择。

219. 问：GCL2008如何导入GBQ4.0中？

答：在GCL2008里面需要套上相应的清单和定额，然后才可以导入到GBQ4.0计价软件中。

220. 问：在系统-定额库别名里设置了定额库的别名，土建为T，装饰为Z，可在输入Z-9时为什么还是出现补充子目呢？

答：因为输入的装饰子目没有章节号，直接输入子目是不行的，看着定额，子目编号是什么就输入什么，比如10-9、10-21等。

221. 问：报价中要求采用全费用清单，单价里应该包含规费税金和措施费，但是单价构成的全费用模板没有含措施项目费，应该怎么处理？

答：在分部分项页面点击单价构成，在出现的管理取费中点击载入模板后，会跳出一个新的窗口，在窗口左边导航栏会出现单价构成（所有专业都有）。此时选择所需的全费用模板，在出现的计费窗口输入费率确定即可。

222. 问：在措施项目的建筑工程垂直运输机械超高降效中插入子目15-8，单位为元，工程量为1，可是综合单价和综合合价都为0，不能输入任何的数字，这是为什么？

答：超高降效是与相关需要计取超高降效的清单或子目工程量有关联的，不能手动套用的，在分部分项界面有一个"超高降效"的功能，点击后按高度选择才可以出来。

223. 问：系统图例在哪里打开？清单计价和定额计价有什么区别？

答：在GBQ4.0计价软件里不需要打开系统图。定额计价单纯把工程量套上定额子目，输入计价软件，最后一块取费，计算造价；清单计价还要按照清单规则计算出工程量，套上清单子目，在清单子目下输入定额子目和定额工程量，再计取管理费和利润，得到综合单价，汇总计算后得到造价。

224. 问：套完相应的定额子目后，应该还要做哪些调整，为什么载入市场价后和别人做的预算相差很多？

答：调整材料和定额子目乘以系数，具体阅读定额计价说明。

225. 问：套用定额子目后，怎么对清单进行调整，具体的步骤如何做？

答：（1）单价构成中输入管理费及利润数据。

（2）在人材机中的市场价输入各种材料、人工、机械的市场价格。

226. 问：广联达软件在进行清单计价时，综合单价分析表是一个项目编码显示一页，显示得非常详细，怎么弄成多个项目连续显示在一页内？

答：鼠标右键—报表设计，然后在工具中的带区属性中设置换页方式，设置自动换页。

227. 问：GBQ4.0 中进行项目汇总时，为何没有显示所有单位工程的暂估价，只显示地下室的暂估价，因为每个单位工程都有暂估价，且从报表设计中修改，还是只显示地下室的暂估价，其他的单位工程没有？

答：通常一般有零星工程的暂估价是在其他项目中输入的，材料的暂估价是在人材机汇总中选择的。

228. 问：清单输入完成后，通用项目中安全文明施工费的计算以什么为基准？是以分部分项合计为基础，还是以分部分项直接费为基础？

答：是以分部分项合计为基础的，相关费率参考文明施工措施费的相应费率。

229. 问：计价软件 GBQ4.0 中，预留金怎么输不进去？

答：一般都是在其他项目输入的，有些地区的其他项目是在项目管理中。

230. 问：清单计价时，安全文明施工费怎么输入到软件里？

答：安全文明施工费属于措施费用，首先切换到措施项目界面，然后在措施里有一行是安全文明施工费，直接输入计算基数、费率就可以了，如果固定一笔费用，那就在计算基数列里直接输入金额。

231. 问：在做清单局部汇总时为什么带不出措施费？

答：计价软件的汇总是按单位工程汇总的，局部汇总不可取（因为措施费有相当一部分是按整个工程计取的）。如果要局部汇总数据，可以复制预算文件出来，将要汇总的项目保留，其余的全部删除，这样就是局部汇总的数据了。注意：措施费也是要清理的，不然措施费全部计算了。

232. 问：GBQ4.0 是否可以建立四级管理模式？

答：GBQ4.0 软件中只能建三级项目管理，建完单位工程可以在单位工程中建立分部及明细。

233. 问：Word 格式的招标文件，如何转换成软件支持的格式？

答：Word 先转化成 Excel，再把 Excel 导入到软件中。

234. 问：如何在清单计价总价中查看施工费？

答：可以到费用汇总界面查询费用代码查到人工费、材料费、机械费以及管理费、利润等，可以依据此费用来得出施工费。

235. 问："费用汇总表"中预算包干费的费用为何没有显示出来？

答：其他项目中的预算包干费的费用要在子目里输入才会在费用汇总里显示。

236. 问：什么情况下需要锁定综合单价？

答：当一个清单子目只用一个定额子目来组价时，不需要锁定综合单价，改变工程量时不会改变综合单价。当一个清单子目采用多个定额子目来组价时，需要锁定综合单价，改变工程量时不会改变综合单价。如果不锁定综合单价，改变工程量时会改变综合单价。

237. 问：GBQ4.0 计价时，在单价构成中改变装饰工程的取费，其他工程取费都会改变吗？

答：在单价构成中改变装饰工程的取费，所有装饰工程的取费都会改变，其他工程不会变化，其他工程取费调整需要到相应的单价构成中调整。

238. 问：广联达 GBQ4.0 中实现多个窗口切换用什么快捷键？

答：用快捷键 Ctrl＋Tab。

239. 问：钢筋算量后怎么导入计价软件中？

答：（1）汇总计算，在钢筋的"报表预览"中选"钢筋定额表"和"接头定额表"，导成 Excel 格式后保存；在 Excel 中删掉多余的行。

（2）在计价软件中，在"导入导出"选择"导入 Excel 文件"，分别选择保存的"钢筋定额表"和"接头定额表"，先识别列再识别行，导入即可。

240. 问：清单子目中的含量与工料机中含量有何不同？

答：清单子目中的含量为工程量的含量，工料机中的含量为单价构成中人材机的含量。

241. 问：配合比还要重新计价吗？是不是在工料机那里把价调好了，配合比的价格就自动跟着变了呢？

答：如果是新材料，就根据实际配合比及消耗量进行组价；否则就可以按定额配合比调整价差。

242. 问：在广联达中导入建设单位提供的电子版清单时，出现编码重复的情况无法将清单导入，该如何处理？

答：在广联达中导入建设单位提供的电子版清单时，如果 Excel 中出现编码重复的情况，第二个清单会以补项出现在软件中，如果再修改回去，需要自己点击右键"强制调整编码"再修改即可。

243. 问：招标控制价 xml 文件如何打开？

答：打开 xml 文件，安装新版本的 GBQ4.0 后，有一个 xml 浏览器，直接使用浏览器可以查看。

244. 问：清单计价综合单价中，控价中与信息价相差较大的材料价格，是否以市场价进入？人工单价是否以当地造价部门发布人工单价进入为基数取管理费和利润？

答：清单计价综合单价中，控价中与信息价相差较大的材料价格，是否以市场价进入，这要看招标文件是怎么定的。人工单价是以当地造价部门发布人工单价进入为基数取管理费和利润的，可以按市场价输入，然后总价按照一定的比例下浮。

245. 问：综合单价和人材机费用和利润都导入不进去，要怎样才能全部导进去？

答：可以在报表中点"报表设计"，就可以添加自己需要的内容。

246. 问：为什么项目写完了，报表里的工程量清单综合单价分析表是空的？

答：需要在清单子目里输入清单工程量，还要在清单子目下输入定额子目和定额工程量。

247. 问：GBQ4.0 做清单计价，导出分部分项工程量清单表为 Excel 形式，发现部分单元格里的字显示不全或者字与单元格的边线重叠，怎样避免这种情况？

答：在报表界面，菜单栏上方有个按钮，叫按 Excel 方式分页，把前面的对勾打上即可。

248. 问：在 GBQ4.0 清单计价中如何剔除辅助材料，把剔除辅助材料主材单一导出来？

答：在人材机界面点击主材表，勾选你要输出的主材，把不输出的材料后面的勾去掉，然后在报表里导出就可以了。

249. 问：清单没组价，就是没有人工费，但是想给措施费，在软件中怎么操作？

答：清单项按照项目特征描述进行定额组价，就出现人工费、材料和机械费、主材设备费的，措施费能够进行清单组价，如模板工程也是按清单进行组价的。其他非实体措施项目，如安装工程的脚手架搭拆和系统调试费等都是按系统进行计取的，在实体项目的直接工程费或人工的基础上进行计取的。

250. 问：清单模式做的 GBQ4.0 文件，报表导出时怎么不显示定额？该如何设置？

答：应该用预算计价方式，清单方式只能导出清单项目。

251. 问：如何在 GBQ4.0 中将机械表打印出来？

答：在预算书设置里，勾选机械二次分析。

252. 问：怎样用计价软件生成 tbs？并且怎样导入到投标工具里去？

答：首先打开投标文件制作工具—新建项目—导入招标文件—导出经济标—生成一个 xxx.xml 的文件—复制一份修改后缀名，改成 xxx.zbs。其次打开广联达计价软件—新建项目—选择投标—地区标准：贵阳 08 清单规范—浏览选择之前的 xxx.zbs 电子招标书—确定进入项目管理界面—打开单位工程—组价（检查分部分项、措施项目、费用汇总等）—保存—返回项目管理。然后点击发布投标书—投标书自检—生成投标书—录入相关信息—导出/刻录投标书—导出投标书—生成一个 xxx.tbs 的电子投标书。最后打开投标文件制作工具—导入工程量清单—导入 xxx.tbs 文件—检查标书即可。

253. 问：分部分项全费用综合单价表中，措施费总和怎么看？

答：全费用综合单价包括分部工程费、管理费、利润、风险费、措施费、规费、税金等全部内容，措施费要分摊到各分项子目中，大部分为使用概算或指标。

254. 问：广联达清单计价方式中，有单价、综合单价、省单价，其中单价与省单价有什么区别和联系？其各自与定额价的关系又是什么？其数值是否可以更改？

答：单价是地区价组价的；省单价是省会城市的价。在人材机汇总表里，修改材料价为地区市场价，单价就会改变了。或者载入地区价目表，单价也会改变。

255. 问：项目套完需要打印表格，发现材差表是空白的，如何操作？

答：载入市场价以后，如果没找差价，材差表就是零。输入定额子目以后，点人材机汇总，载入市场价。载入市场价步骤：

（1）下载：信息价—选择地区—搜索—点选—保存—桌面—双击—运行—安装—确定。

（2）载入：人材机汇总—载入市场价—选择—确定。

256. 问：计价软件中为什么要进行行识别和列识别？

答：这个是在导入电子表格时才需要使用到的，因为外部清单数据报表中有很多软件无法自动识别的数据行或列，所以就要通过手动把不能自动识别的数据行与列识别后才能导入到软件中。

257. 问：GBQ4.0 的报表和 08 清单规范中报表格式不一样如何处理？

答：只要选择当地的清单计价规则，报表格式就一定是当地清单规则规定的格式。

258. 问：在广联达 GBQ4.0 中新建单位工程时模板类型选择错误，现在工程数据已输入完毕，可否再修改模板类型，要怎么修改？

答：再新建立一个文件，选择需要的模板，将前面的工程用清单方式导出来后在新文件上导入。

259. 问：措施费中的大型机械进出场费及安拆费要计取管理费和利润吗？

答：在套价时计价软件是自动计取的。

260. 问：在 GBQ4.0 中，将子目中材料含量批量乘以了系数，想恢复原值，可不可以批量操作？如何操作？

答：取消批量换算系数恢复原来系数执行即可。

261. 问：单独修改某个子目的管理费费率及利润率，而不影响其他子目，该怎么操作？

答：选中要单独修改的子目，点击查看单价构成，在这里可以改管理费及利润，改完后保存，这样不会影响其他子目的费率。

262. 问：投标时取费类别怎么改？

答：分部分项表里，工具栏"单价构成"中有"费率切换"，如下图所示。

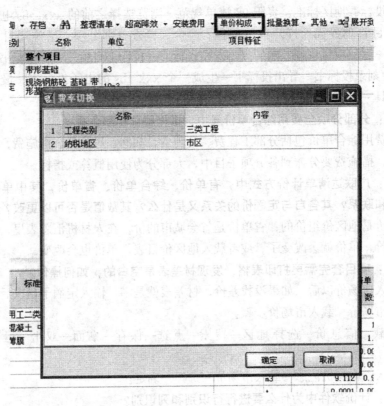

263. 问：GBQ4.0 清单模式下，如何能固定综合单价，在改动清单量时，其综合单价不发生变化？

答：只修改清单的工程量，不要去修改组价里的量就可以了。

264. 问：能否将已有的人工费、机械费、管理费、利润金额直接输入软件里，在哪里输入？

答：软件中是不能直接输入人材机、管理费、利润的，要套完定额后，人材机、管理费、利润就自动有了。

265. 问：自己编辑项目时编辑框里的单价输不进数据，只能在人工费（签证工）框里输入，最后还要在人工费合计里显示，这是不合适的，该怎么处理？

答：补充子目（编辑）中只要输入项目名称、计量单位就行了，确定退出，在工料机显示中添加入人材机，组成子目基价。

266. 问：计价软件里怎样设置不取费项目？补充的项目怎么设置不取费？

答：把补充项目设置为暂估价，在每一个清单后面有是否暂估项打勾，在报表预览时，这个暂估价有单独的一张报表，也就体现了该补充项的合计，然后在取费总表总设置，直接费合计扣减暂估价，在费用总造价一行再加上这个暂估价即可。

267. 问：怎样批量把补充材料替换为补充主材？

答：打开人材机的界面找到要更改的材料，点击右键有个对应子目打开，然后添加主材，再删除原来的材料。

268. 问：GBQ4.0 中各分页报表的序号不连续怎么办？

答：在报表里第一页的序号是 1-20，第二页的又是 1-20，报表分页的序号不连续，可以在报表设计里，单击右键，将清单序号修改为顺序号，第一页和第二页的序号就可以连续了。

269. 问：GBQ4.0 软件如何在报表中增加品牌一栏？

答：如果在分部分项界面下增加了品牌，但是在报表里面不显示，可以在报表里：单击右键-报表设计-单击右键-插入列-插入备注-然后将备注改为品牌即可。

270. 问：计价软件 GBQ4.0 导入 Excel 后无工程量？

答：在计价软件 GBQ4.0 中，导入 Excel 后别的地方都对，但是工程量都为零，是因为导入的时候行识别的类型不对，识别的时候需要选择子目识别。

271. 问：为什么导入进去信息价后有些材料价格变得过来，是按照信息价的价格，有些又变不过来，还是基价，然后在没变过来的信息价中查询的价格却跟基价不同？

答：导入进去信息价后有些材料价格变得过来，是按照信息价的价格，有些又变不过来还是基价，没有变过来的材料价格就需要自行手动找差价了。

272. 问：导出的综合单价分析表，是对所有的清单项目进行分析，相同的清单项目也会都分析，能不能对相同的清单项目只有一个分析表？相同的综合单价分析表能不能合并？

答：这个是不可以的。如果因为综合单价分析表页数太多，是可以压缩的。具体操作方法：切换到综合单价分析表界面—报表设计—鼠标右击—带区域属性—将换页方式改成自动换页即可。

273. 问：广联达软件如何将整个项目中的一个单位工程分解出来？

答：打开项目工程，选择需要导出的单位工程—右键—导出单位工程就可以了。

274. 问：GBQ4.0 里面没有项目特征，如何处理？

答：在分部分项界面，点击右键—页面显示—项目特征勾选后确定就可以了。

275. 问：清单计价中的"综合单价"是哪几项的和？

答：人工费、材料费、施工机械使用费和企业管理费与利润，以及一定范围内的风险费用。

276. 问：在使用计价软件时，直接点击"新建单位工程"，生成的文件会显示"清"字样，点击"新建项目"，生成的文件会根据"招标"和"投标"，分别显示"招"字或"投"字，这有什么不同，会影响结果吗？

答：不影响结果，因为建了项目即"招"字或"投"字文件后，下面一样需要建单位工程才能做项目。

277. 问：信息价中同样材料的编码不同，价格就会不同吗？

答：材料编码都是唯一的，可能是在分部分项界面的工料机显示里修改过材料单价，所以软件自动加了个@，就出现这种情况了。

278. 问：广联达计价软件 GBQ4.0 里怎样才能在报表中把管理费、利润显示出来？

答：如果整个项目要出管理费和利润合计的话，可以进入项目文件报表—报表设计—报表设计器中添加列，然后数据链接选择，最后保存即可。

279. 问：GBQ4.0 清单计价中，措施项目综合单价分析表（全费用的）有吗？

答：现在对于 GBQ4.0 清单计价，只有分部分项中的工程量清单综合单价分析表有全费用的模板，措施项目综合单价分析表还没有此模板。

280. 问：在清单组价时如何用颜色标识特殊清单项？

答：在"分部分项"页面，点右键，选择"页面显示列设置"，把"标记"打上对勾，确定，回到分部分项界面，然后点标记那一列，对应着选择小红旗作为标记。

281. 问：为什么安装主材预算价都是零？

答：所有主材的价格都要自己输入的，所以叫做未计价主材。主材价格由投标人自主确定，有暂定价的按暂定价输入，没有的就自己选择信息价或者了解市场行情价输入。

282. 问：导入 Excel 以后，为什么不能修改工程量？

答：导入 Excel 软件默认是锁定清单的，直接点击解除锁，就可以修改工程量了。

283. 问：为什么报表中的人材机汇总比费用汇总多？

答：在预算书设置的二次分析里面，把混凝土、砂浆二次分析的对勾去掉即可。

284. 问：怎样从清单预算中选出某一项做调整？

答：点击想调的项目定额，在下边有显示人材机，点开在那里可以调整。

285. 问：GBQ4.0 将两清单子目插入同一清单会怎样？

答：这个没有关系的，因为清单本来是没有单价的，只要定额套准确就可以。

286. 问：GBQ4.0 机械费中的人工费在哪里调整？

答：在分部分项界面，预算书设置—机械台班组成分析，勾选后就可以看到机械的人工费了。

287. 问：GBQ4.0 招标管理措施项目组价方式中，安全文明施工费的组价方法是子措施组价还是计算公式组价？

答：安全文明施工费的组价方法是计算公式组价。直接点击计价基数一栏，选择相应的系数就可直接计算了。

288. 问：新建计价工程时没有选择地区类别，默认的是一类地区，如需要二类地区，如何调整？

广联达GBQ4.0计价软件应用及答疑解惑

答：可以在分部分项界面—工具菜单中选择"地区类别"来修改。

289. 问：广联达计价软件导出 Excel 时，每一次导出的价差总是在一起的，怎么才能把人材机价差分开，把它们在列表里分别显示出来？

答：差价就是合并在一起的，如果要单独列表，就要单独勾选输出标记后导出，分别勾选导出多次保存。

290. 问：清单计价中把子目加入措施费，但是清单项单价构成无法修改，如何才能进行修改并导出到 Excel 中去？

答：要导出综合单价分析表才会显示组价内容。

291. 问：在开始时费用模板选错了，而之后组价已完成，怎么修改费用模板呢？

答：载入费用模板就可以更改。在人材机中勾选人工，其他不选，报表输出导出，然后再勾选材料，不选择人工，报表输出导出保存。

292. 问：措施费中的安全文明施工费，在费用汇总中调整了费率和取费基数，在这个界面也可以看到该项费用金额，为什么打开报表查看，措施费表都是空的，总造价也没有加上这项费用？

答：调整措施费的位置有问题，不应该在费用汇总中调。费用汇总界面的措施费只是显示出措施项目界面的金额，所以安全文明施工费需要在措施项目界面去调整，措施费表自然就能显示出来。

293. 问：工程量清单报表中的表一、表二怎么没有数据？

答：首先确认建立什么项目，如果是招标项目，表一和表二就是没有数据；如果是投标项目里面还是没有数据的话，那就可能是清单下面没有套取子目（定额）。

294. 问：需要调整人工费，但是每一项都去一个一个地调整很费事且容易漏掉，有没有批量调整？

答：所有定额子目及工程量输入完毕后，在人材机汇总界面点人工表及机械表中定额工日行的市场价中输入实际人工单价即可。

295. 问：如何在分部分项工程量清单与计价表的报表中增设计费基数？

答：在报表设计中添加"列"，选择计费基数的代码就可以了。

296. 问：招标文件要求税前造价下浮 5%，清单单价会不会跟着下浮？

答：总价下浮几个百分点，一般有以下几种方式：（1）调整管理费的费率来实现下浮；（2）调整利润的费率来实现下浮；（3）调整工程总造价来实现下浮，但必须选择调整造价的分摊方式：子目工程量、人材机含量和人材机单价。针对前两种方式，若清单单价构成中含有管理费和利润，调整时，清单单价肯定会下浮；后一种方式，选择分摊以后，也会下浮的。

297. 问：广联达计价软件 GBQ4.0 中子目含量调不了，综合单价不变，如何处理？

答：是由于将锁定综合单价的勾打上了。锁定综合单价这一列软件默认的时候是不显示的。可以点击右键"页面显示列设置"中将"锁定综合单价"打勾之后，在分部分项界面就能看见"锁定综合单价"，将显示出的勾去掉即可。

298. 问：在 GBQ4.0 中，清单计价时，所有砂浆（包括水泥砂浆，混合砂浆等）的配合比材料、水泥等调成市场价后发现砂浆的价格未相应调整？

答：调整以后，刷新一下。点一下—预算书设置—砂浆二次分析。

299. 问：目前 GBQ4.0 都是按清单取费的，不能按子目取费。但是清单项下有很多子目，有个别子目不取费，软件应该怎么设置？

答：该清单工程若是 11 定额，则单价取费方式默认是子目单价取费。将不取费的那条定额子目的分包费选择成不取费即可，只取税金子目则选择只取税金。若是 05 定额，默认是清单单价取费，需要进行的操作是：分部分项界面点预算书设置，将单价取费方式改为子目单价取费；将不取费的那条定额子目的分包费选择成分包费 2，并将该条子目的单价构成中的管理费和利润的费率改成 0；措施项目界面的计算基数减去分包费 2 的代码；费用汇总界面的规费和税金的计算基数里也减掉分包费 2 的代码。其他项目如果有，也要减掉相应的代码。

300. 问：计价软件中，怎么找不到局部汇总？

答：在分部分项页面，鼠标右击，选择"页面显示列设置"找到"局部汇总"，勾选即可。

301. 问：广联达预算软件最后的费用汇总表的费率没有数字显示是什么原因？

答：没有输入费率，选择相应的费率输入即可。

302. 问：计价软件中人工费、材料费、机械费都能改吗？还是只能改材料费？人工、材料、机械含量能改吗？

答：首先软件这部分是放开的，这些修改都可以操作，主要看修改的目的是什么，做标底时是不能随意修改人工、材料、机械含量的，投标时可以结合自己单位的情况适当调整。

303. 问：在 GBQ4.0 中如何提取模板子目项目？

答：可以在措施项目界面，选中模板措施项，点击上方"提取模板子目"功能按钮，然后在对应的混凝土项目后面选择对应的模板项目即可。

304. 问：广联达 GBQ4.0 规费在哪里调整输入？

答：规费在费用汇总表栏里，可以输入，也可利用小按钮查看具体的取费费率。

305. 问：如何在 GBQ4.0 中处理甲供材料费？

答：需要在人材机表中操作，修改供货方式就可以了。甲供材的计取，可以看甲方是要求在预算中直接按甲方供价计入，最终甲方自己按实际用量扣除；还是要求甲供材不计入结算中。

306. 问：工程中人材机市场价修改了，但是想变回原预算价，数量很多，如何能快速调整为原预算价？

答：在人材机汇总界面，先拉框选择材料，右键点人材机无价差。

307. 问：GBQ4.0 怎样设置几项清单项目单独取费？

答：可以先导出来，再删除多余的，然后再定向取费。

308. 问：补充的主材修改工程量时，输入的是整数，显示的却是小数，什么原因？

答：这是由于主材含量换算产生的，选中定额查看工料机显示，在需要修改的主材的锁定数量位置打勾，然后再修改数量即可。

第 5 章

广联达 GBQ4.0 计价软件电子标操作篇

软件版本信息

用于电子招投标产品信息：

产　　　品：广联达 GBQ4.0

产品版本：4.23.2.970

下载路径：http：//service.grandsoft.com.cn/

京造定［2009］4 号文、京造定［2009］5 号文、京造定［2009］6 号文、京造定［2009］7 号文内容中数据已经做到软件中。具体内容：北京取费细则、电子标书接口更新已做到软件中。

5.1 生成招标、标底 XML 数据格式

1. 双击桌面图标 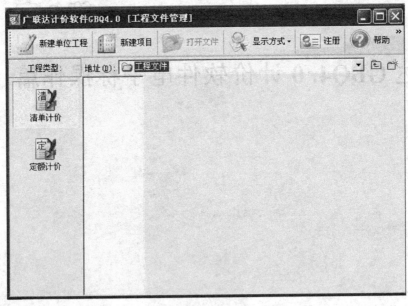 进入【工程文件管理】界面，如图 5.1-1 所示。

图 5.1-1

　　2. 新建招标管理项目。先点击【清单计价】按钮，然后再点击【新建项目】下的新建招标项目，如图 5.1-2 所示。

　　3. 弹出图 5.1-3 所示对话框，在【地区标准】中选择北京市标准接口 08 清单规范（地区标准中北京市标准接口指的是 03 清单规范标准接口），【项目名称】、【项目编号】中输入工程名称信息，然后点击【确定】，如图 5.1-3 所示。

　　4. 进入【招标管理】界面，在此界面可以新建单项工程，也可直接新建单位工程，并对每个单位进行编辑输入清单、定额组价（若是多人合作完成一个项目工程，每个人先做好单位工程后，然后在此界面点击鼠标右键选择导入单位工程并新建功能，把做好的单

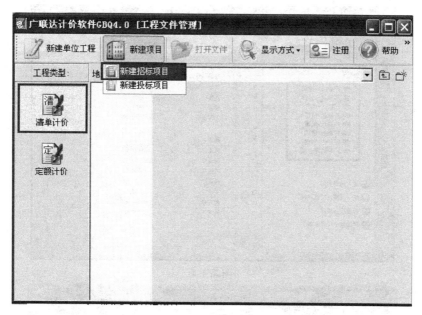

图 5.1-2

图 5.1-3

位工程——导入此界面）。如图 5.1-4 所示。

5. 若对项目的清单组价、调价、取费等工作都完成后，接下来就是生成电子招标书。切换到【发布招标书】窗口，点击【生成招标书】按钮，弹出提示信息框，点击【是】进行招标书自检，如图 5.1-5 所示。

弹出【设置检查项】窗口，针对要自检的项后打对勾，点击【确定】，对项目各项自检，如图 5.1-6 所示。若某项内容不符合自检内容的项目，会生成标书自检报告，列出不符合自检要求的内容；若各项内容都符合自检要求，会直接生成招标书。

6. 生成招标书后，就是导出招标书。切换到【刻录/导出招标书】界面，点击【导出招标书】如图 5.1-7 所示。

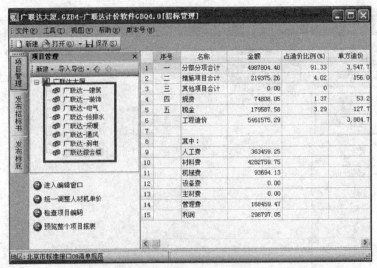

图 5.1-4

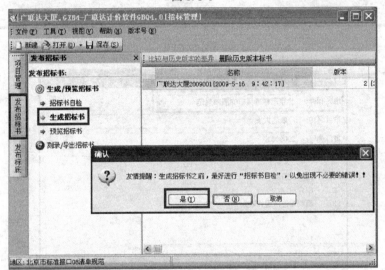

图 5.1-5

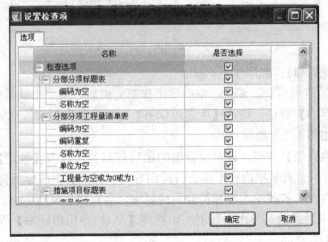

图 5.1-6

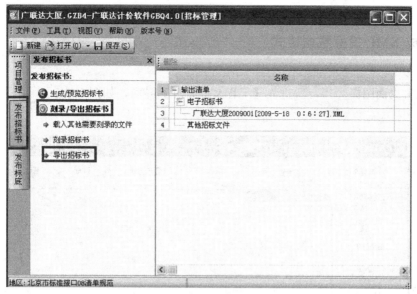

图 5.1-7

　　弹出导出招标书的保存路径窗口，指定保存路径后，点击【确定】，如图 5.1-8
所示。

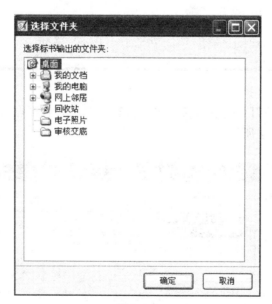

图 5.1-8

　　在保存路径文件中生成 文件夹，在文件夹里面有刚生成 XML 格式招标书，

最后把 XML 格式电子招标书导入标办电子标
书生成器中（标底同招标书操作）。如图 5.1-9
所示。

图 5.1-9

5.2 生成 XML 投标数据格式

1. 双击桌面图标 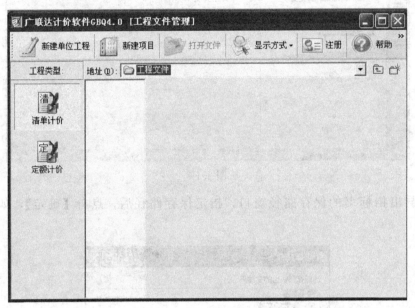 进入【工程文件管理】界面，如图 5.2-1 所示。

图 5.2-1

2. 新建投标管理项目。先点击【清单计价】按钮，然后再点击【新建项目】下的新建投标项目，如图 5.2-2 所示。

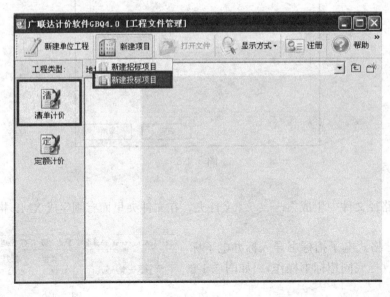

图 5.2-2

3. 弹出图 5.2-3 所示对话框，在【地区标准】中选择北京市标准接口 08 清单规范（地区标准中北京市标准接口指的是 03 清单规范标准接口），【项目名称】、【项目编号】中输入工程名称信息，然后点击【确定】，如图 5.2-3 所示。

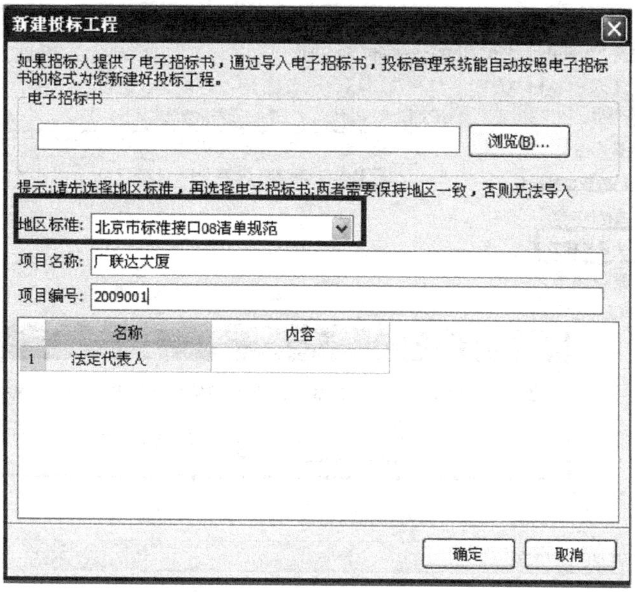

图 5.2-3

4. 进入【投标管理】界面，在此界面可以新建单项工程，也可直接新建单位工程，并对每个单位进行编辑输入清单、定额组价（若是多人合作完成一个项目工程，每个人先做好单位工程后，然后在此界面点击鼠标右键选择导入单位工程并新建功能，把做好的单位工程一一导入此界面）。如图 5.2-4 所示。

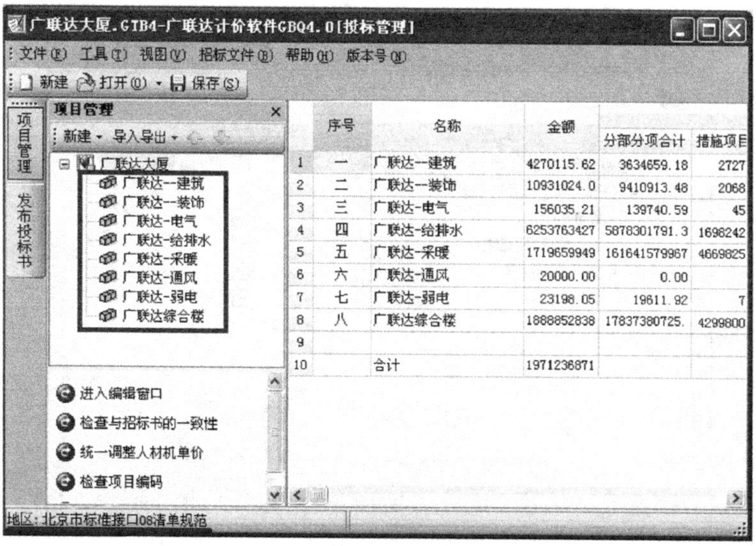

图 5.2-4

5. 若对项目的清单组价、调价、取费等工作都完成后，接下来就是生成电子投标书。切换到【发布投标书】窗口，点击【生成投标书】按钮，弹出提示信息框，点击【是】进行投标书自检，如图 5.2-5 所示。

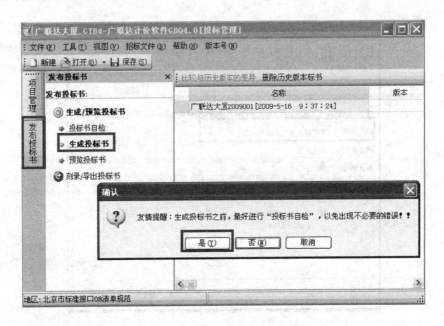

图 5.2-5

弹出【设置检查项】窗口，针对要自检的项后打对勾，点击【确定】，对项目各项自检，如图 5.2-6 所示。若某项内容不符合自检内容的项目，会生成标书自检报告，列出不符合自检要求的内容；若各项内容都符合自检要求，会弹出投标信息框，填写投标人信息以及工程信息，点击【确定】生成投标书。如图 5.2-7 所示。

图 5.2-6

6. 生成投标书后，就是导出投标书。切换到【刻录/导出投标书】界面，点击【导出投标书】，如图 5.2-8 所示。

弹出导出投标书的保存路径窗口，指定保存路径后，点击【确定】，如图 5.2-9 所示。

图 5.2-7

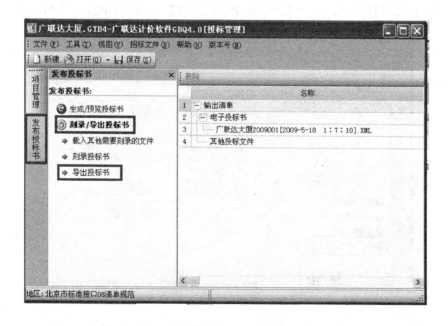

图 5.2-8

在保存路径文件中生成 文件夹，在文件夹里面有刚生成 XML 格式投标书，

最后把 XML 格式电子投标书导入标办电子标书生成器中。如图 5.2-10 所示。

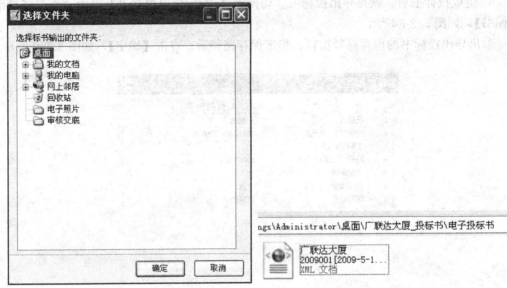

图 5.2-9   图 5.2-10

5.3   生成标办 GDF 数据格式

1. 打开招投项目工程，点击【预览整个项目报表】按钮，如图 5.3-1 所示。

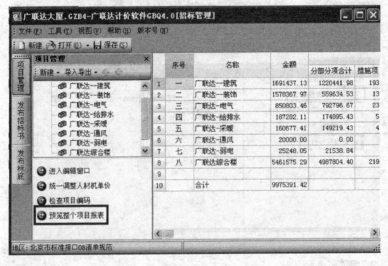

图 5.3-1

2. 在【预览整个项目报表】窗口中，点击【批量打印】，如图 5.3-2 所示。

3. 在【批量打印】窗口，先在【报表类型】中选择招标方报表还是投标方报表，在【选择】列中选择要虚拟打印的报表样式，然后点击【打印机设置】，如图 5.3-3 所示。

4. 弹出【打印设置】窗口，在打印机名称中选择金润电子标书生成器，点击【确定】，如图 5.3-4 所示。

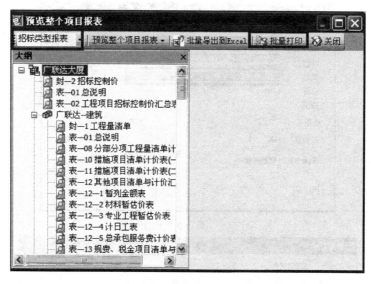

图 5.3-2

图 5.3-3

5. 虚拟打印机设置好后，点击【打印选中表】，如图 5.3-5 所示。

6. 弹出图 5.3-6 所示的信息框，【输出到文件】选择保存路径以及文件名称，点击【确定】，如图 5.3-6 所示。

7. 这样就生成 GDF 格式数据，可以导入标办电子标书生成器当中。在保存路径中可以查看生成 GDF 文件，如图 5.3-7 所示。

注：也可以直接在软件中批量导出 EXCEL 格式文件，然后把 EXCEL 文件直接导入到标办电子标书生成器中。

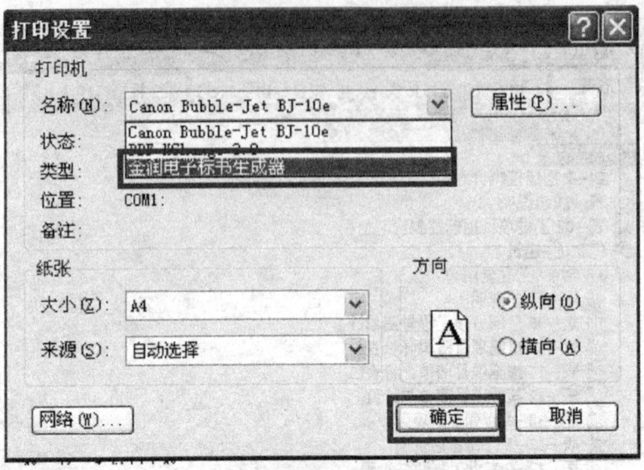

图 5.3-4

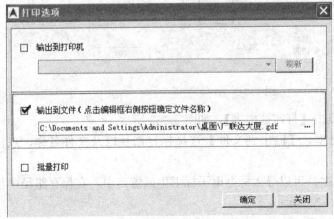

图 5.3-5

图 5.3-6

图 5.3-7

第 6 章

广联达 GBQ4.0 计价软件新功能篇

6.1 版本统一

业务背景：

GBQ4.0 用户最头痛的问题就是版本问题，不同地区的定额库用的 Q4 版本不同，同一机器上又不能安装不同的 Q4 版本，每次跨地区使用 Q4 软件时都要卸载重装，非常麻烦。新版 Q4 解决了这一大难题。

操作方法：

安装新版 Q4 版本为 4.100 系列时，高版本可以同时安装多个 4.100 系列低版本的定额库。例如：北京目前的版本为 4.100.0.1306，其他地区版本如果是 4.100.0.xxxx，只要 xxxx 比 1306 数字小（数字越大版本越高），那么在安装时可以安装北京的 1306 版本，再加上那个地区定额库就可以了。

目前，在 1306 版本中可以使用的定额所属地区有：北京、内蒙古、陕西、甘肃、新疆、宁夏、重庆、四川、贵州、广西、上海、江苏、湖南、江西、山东、安徽、福建。

其余地区：黑龙江、辽宁、河北、山西、云南、广东、浙江等地区在下一版本中将统一，也就是说下一版本将做成全国统一版。

注意事项：

各地区版本号可以在服务新干线网站的升级下载中查到，或者打售后服务电话也可以查到。安装多个地区定额时最好先咨询服务人员，以免造成不必要的麻烦。

6.2 软件安装效率提升

新版 Q4（1306）版本的运行速度及安装速度比以前的维护版本都有很大的提高。

业务背景：

• 安装程序由多个小程序变为一个主程序（图 6.2-1），化繁为简，更明晰。

• 安装 1036 版本时用了 1 分 30 秒，安装时包括 4.0 程序和北京所有的定额库和清单库。

• 安装 1070 版本时用了 3 分 30 秒，安装时包括 4.0 程序和北京所有的定额库和清单库。

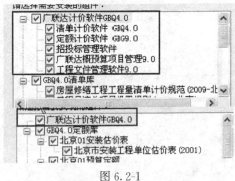

图 6.2-1

6.3 软件操作效率提升

业务背景：

用户经常用子目复制这个功能，把一个工程中的子目复制到另一个工程中。现在两个定额计价单位工程，一个 311 条子目，一个 703 条子目，把 703 条子目都复制到 311 条这个单位工程中，1070 版本用了 4 分 43 秒，而 1036 版本只用了 10 秒。

6.4 窗口切换

业务背景：

做清单项目或者定额项目时，一个项目中两个单位工程之间的子目复制粘贴操作，如果是以前的旧版本中，需要先进入到一个单位工程中复制清单或子目，然后再把这个单位工程关闭，在项目管理中打开另一个单位工程再粘贴。这样操作起来很麻烦，如果子目多的情况下又很费时间。现在的1306版本增加了窗口切换功能。打开项目文件，再进入到项目文件中单位工程，这两个文件在窗口就可以切换自如了。

另外窗口中可以将两个单位工程进行"平铺"、"水平排列"、"垂直排列"，这样方便同时打开两个或多个工程对数。

操作步骤（窗口切换）：

·步骤1：在项目管理中建立好单项及单位工程（图6.4-1）。

·步骤2：点击某一单位工程，点"编辑"（图6.4-1）。

·步骤3：进入编辑界面后，在分部分项界面把要复制的清单或子目选中点右键"复制"，在屏幕上方的菜单栏中点"窗口"，切换到项目界面中（图6.4-2）。

·步骤4：选择另一单位工程，再点"编辑"，进入到单位工程中在分部分项界面点右键"粘贴"即可。

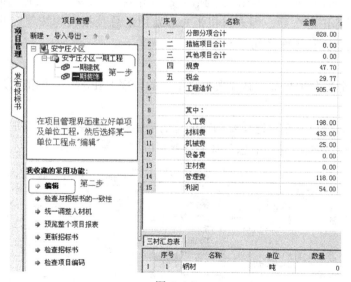

图 6.4-1

图 6.4-2

操作步骤（窗口排列）：

同时打开两个或多个单位工程，然后在"窗口"中选择排列方式即可，如图 6.4-3 所示。

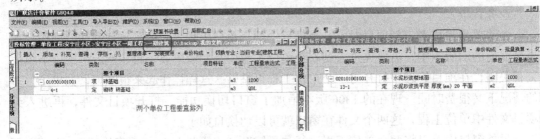

两个单位工程垂直排列

图 6.4-3

6.5 局部汇总

业务背景：

用过 GBQ3.0 的用户都知道在 GBQ3.0 中有分栏显示、分部汇总的功能，即分部分项界面中做了分部，可以按分部打印报表，按分部出措施、其他清单及分部的造价。

现在，针对客户的习惯操作，把以前 GBQ3.0 的分栏显示功能做了进行一步优化，解决了工程每个分部单独计取费用，单独出报表的问题。只要对需要输出的清单项、子目或分部勾选"局部汇总"后，则人材机汇总、费用汇总及报表均按勾选的范围计算及显示，分部、措施、其他界面都局部汇总列。

操作步骤：

步骤1：在分部分项界面，在需要局部汇总的分部上在屏幕右侧把"局部汇总"画上勾（图 6.5-1）。

步骤2：措施项目界面，选择要局部汇总的措施项，先在屏幕右侧把"局部汇总"画上勾，再在屏幕上方把"局部汇总"画上勾就可以了（图 6.5-2）。

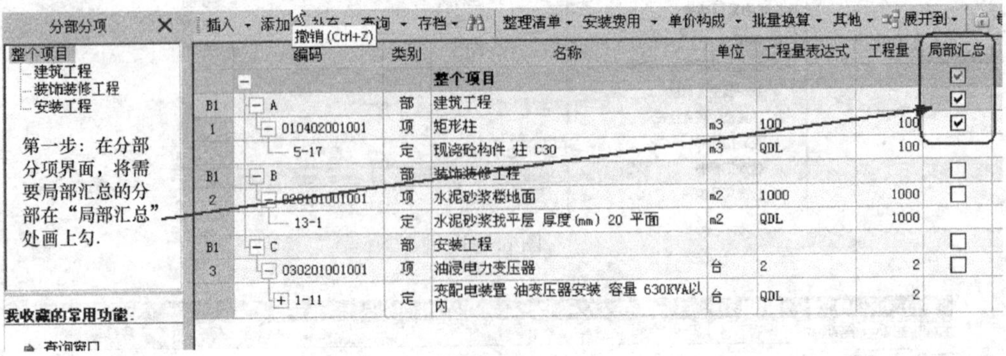

图 6.5-1

下面来看一下措施项目界面局部汇总后费用的变化（图 6.5-3、图 6.5-4）。代码 "FBFXHJ" 是"分部分项合计"。

注意事项：

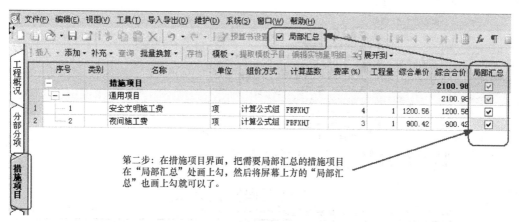

图 6.5-2

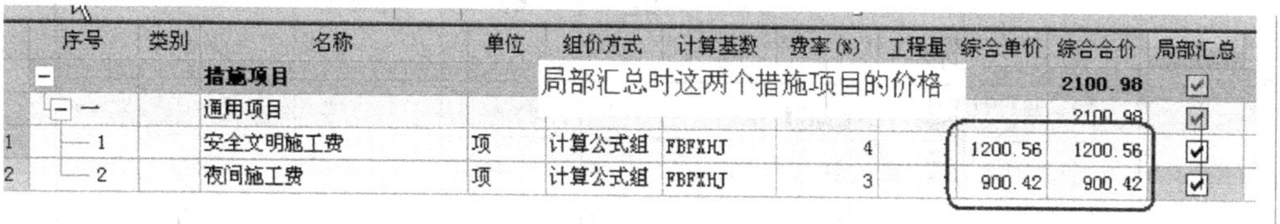

	序号	类别	名称	单位	组价方式	计算基数	费率(%)	工程量	综合单价	综合合价	局部汇总
			措施项目			局部汇总时这两个措施项目的价格				2100.98	☑
		一	通用项目							2100.98	☑
1		1	安全文明施工费	项	计算公式组	FBFXHJ	4		1200.56	1200.56	☑
2		2	夜间施工费	项	计算公式组	FBFXHJ	3		900.42	900.42	☑

图 6.5-3

	序号	类别	名称	单位	组价方式	计算基数	费率(%)	工程量	综合单价	综合合价	局部汇总
			措施项目			不进行局部汇总时这两个措施项目的价格				2954.44	☐
		一	通用项目							2954.44	☐
1		1	安全文明施工费	项	计算公式组	FBFXHJ	4		1688.25	1688.25	☐
2		2	夜间施工费	项	计算公式组	FBFXHJ	3		1266.19	1266.19	☐
3		3	二次搬运费	项	计算公式组				0	0	☐
4		4	冬雨季施工	项	计算公式组			1	0	0	☐

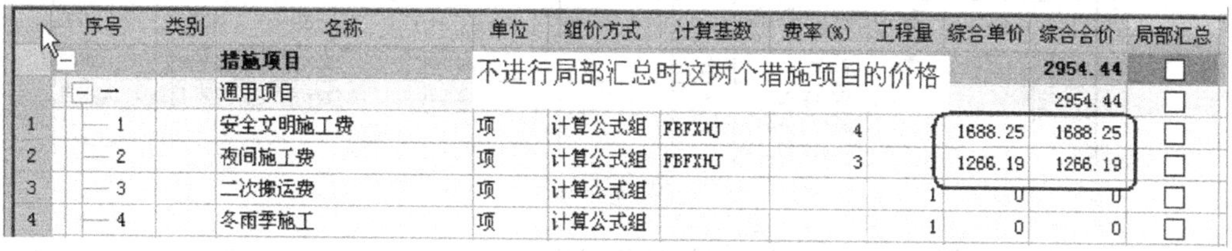

图 6.5-4

如果计算基数中直接输入数字的情况下是不能局部汇总的，软件无法将这笔钱拆分给某个单位工程，这时这笔钱属于整个工程的，而不是某个分部的。如图 6.5-5 所示。

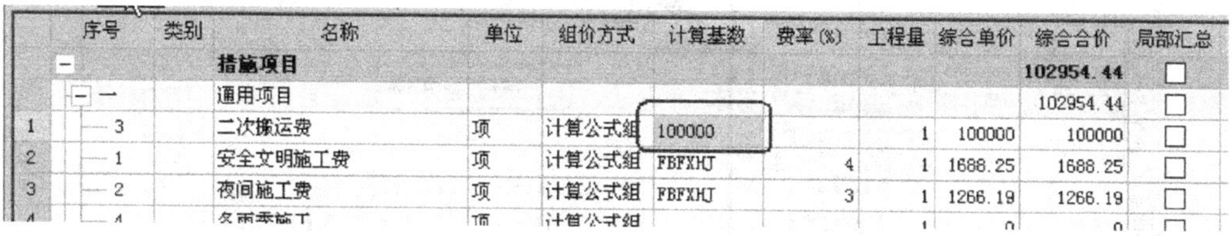

	序号	类别	名称	单位	组价方式	计算基数	费率(%)	工程量	综合单价	综合合价	局部汇总
			措施项目							102954.44	☐
		一	通用项目							102954.44	☐
1		3	二次搬运费	项	计算公式组	100000		1	100000	100000	☐
2		1	安全文明施工费	项	计算公式组	FBFXHJ	4	1	1688.25	1688.25	☐
3		2	夜间施工费	项	计算公式组	FBFXHJ	3	1	1266.19	1266.19	☐
4			冬雨季施工	项	计算公式组				0	0	☐

图 6.5-5

6.6 报表特殊显示

业务背景：

当我们在子目上做换算时，无论是混凝土强度等级换算，还是系数换算，报表中的定额编号列都会显示换算信息或"换"字，这样就会清晰明了地看出哪些子目做了换算。但报表中是否显示换算信息是通过"预算书设置"来控制的。如图 6.6-1 所示。

操作方法：

	编码	类别	名称	单位	合
−			整个项目		
1	5-1	定	现浇砼构件 基础垫层C10	m3	
2	5-4 H81076 8107	换	现浇砼构件 满堂基础C25换为【C35普通砼】	m3	
3	5-7 R*1.2	换	现浇砼构件 独立基础C20人工乘以系数1.2	m3	
4	5-17	换	现浇砼构件 柱 C30	m3	
5	5-20	定	现浇砼构件 构造柱 C20	m3	
6	5-26	定	现浇砼构件 过梁、圈梁 C20	m3	
7	5-28	定	现浇砼构件 板 C25	m3	
8	5-36	定	现浇砼构件 墙 C30	m3	

预算书中做过换算的子目，不管是哪种换算，只要类别
为"换"字，报表中的子目编号列都会显示换算信息。

单位工程概预算表

工程名称：中华人民共和国驻韩国使馆馆舍新建工程-办公楼及公寓-建筑工程　　　　　　　第 1 页共 1 页

序号	定额编号	子目名称	工程量		价值（元）		其中（元）	
			单位	数量	单价	合价	人工费	材料费
1	5-1	现浇砼构件 基础垫层C10	m³	100	492.19	49219	14700	33172
2	5-4换	现浇砼构件 满堂基础C25换为【C35普通砼】	m³	100	403.23	40323	15471	23505
3	5-7 R*1.2	现浇砼构件 独立基础C20人工乘以系数1.2	m³	100	428.38	42838	22553	18938
4	5-17换	现浇砼构件 柱 C30	m³	10	465.33	4653.3	2208.4	2225.2
5	5-20	现浇砼构件 构造柱 C20	m³	10	530.3	5303	3167.4	1915.9
6	5-26	现浇砼构件 过梁、圈梁 C20	m³	100	541.94	54194	32872	19132
7	5-28	现浇砼构件 板 C25	m³	100	389.21	38921	16096	20636
8	5-36	现浇砼构件 墙 C30	m³	10	419.54	4195.4	1755.2	2220.7

图 6.6-1

步骤1：在"分部分项"界面（定额计价是在"预算书"界面）屏幕上方的菜单栏中
点"工具"。

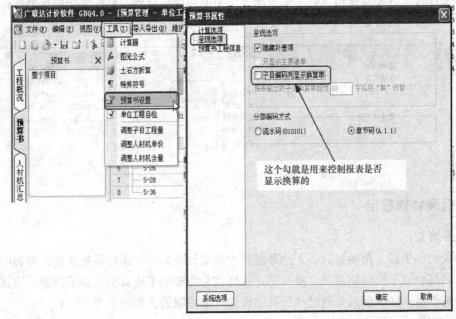

这个勾就是用来控制报表是否
显示换算的

图 6.6-2

广联达GBQ4.0计价软件应用及答疑解惑

步骤 2：打开工具中的"预算书设置"—"呈现选项"—"子目编码列显示换算串"画上勾，报表中即可显示换算信息，不画勾则报表中不显示换算信息。

注意事项：

若是在报表窗口对预算书设置进行了调整，需要切换一下界面，报表中的数据才能更新。在报表窗口任何功能操作类的设置，都需要切换界面，设置才能成功。如图 6.6-3 所示。

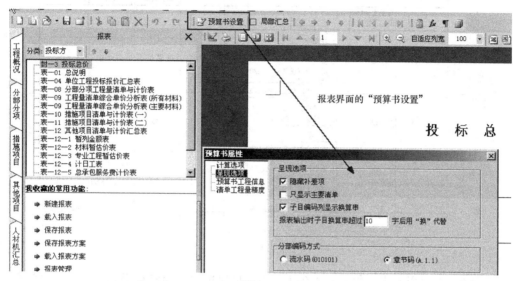

图 6.6-3

6.7 报表导出到 EXCEL 的优化

业务背景：

当我们把文件中的报表导成 EXCEL 文件时，希望在软件中报表预览是什么样，导到 EXCEL 中就是什么样。但 Q4 以前的版本中不是导出去的报表格小，没表头，就是压线。

目前的 1306 版本中，报表导出到 EXCEL 这个功能做了优化。增加了二个选项，三种导出模式（图 6.7-1）。

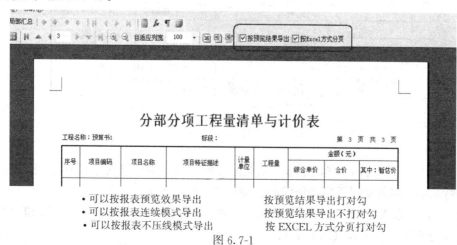

图 6.7-1

情况1：按预览结果导出

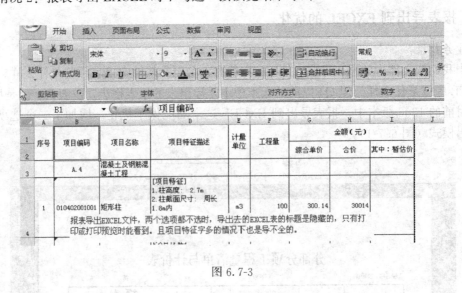

序号	项目编码	项目名称	项目特征描述	计量单位	工程量	金额（元）		
						综合单价	合价	其中：暂估价
	A.4	混凝土及钢筋混凝土工程						
1	010402001001	矩形柱	[项目特征] 1.柱高度： 2.7m 2.柱截面尺寸： 周长1.8m内 3.混凝土强度等级： c20 [工程内容] 1.混凝土制作、运输、浇	m³	项目特征显示不全		30014	
2	010403001001	基础梁	[项目特征] 1.梁底标高： 2.3 2.梁截面： 700*500 3.混凝土强度等级： c30 [工程内容] 1.混凝土制作、运输、浇	m³	100	293.54	29354	
3	010403002001	矩形梁	[项目特征] 1.梁底标高： 3.4 2.梁截面： 500*600 3.混凝土强度等级： c40 [工程内容] 1.混凝土制作、运输、浇	m³	100	308.59	30859	

分部分项工程量清单与计价表

工程名称：预算书1　　标段：　　第 1 页 共 2 页

图 6.7-2

从图 6.7-2可以看出，报表导出到 EXCEL 只勾选"按预览结果导出"时，当清单的项目特征描述字多时，报表压线，项目特征显示不全，这是很多用户都头疼的问题。

情况2：报表导出 EXCEL 时不勾选"按预览结果导出"

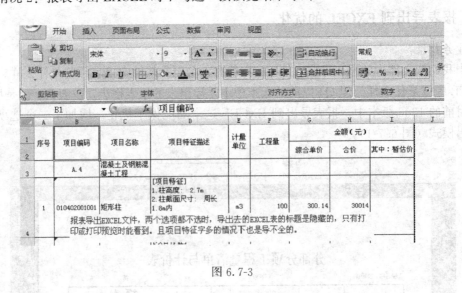

图 6.7-3

从图 6.7-3可以看出，导出的表标题是隐藏的，只有在打印或打印预览中能看到。而且项目特征字数多的情况下也是压线的，项目特征显示不全。

情况3：如果想导出的报表项目特征不压线，则要把"按预览结果导出"和"按 EX-CEL 方式分页"都打上勾（图 6.7-4）

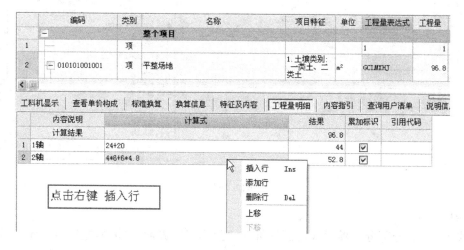

图 6.7-4

6.8 工程量明细

业务背景：

在输入清单或子目工程量时，经常需要把手工计算式列在工程量表达式中，方便以后的对量、核量，这样也非常清晰方便地查看量是怎么来的。现在版本中工程量明细功能就可以实现这一功能。

操作方法：

步骤1：先选中某条清单或子目。

步骤2：在屏幕下方的属性窗口中选择"工程量明细"，然后在空白处点右键—插入行，编辑计算量就可以了。如图6.8-1所示。

图 6.8-1

注意事项：若客户是在属性窗口中工程量明细输入的计算式，清单、子目的工程量表达式是 GCLMXHJ，报表显示也是 GCLMXHJ（图 6.8-2）。

清单概预算表

工程名称：1#楼建筑工程

序号	编号	名称	单位	工程量	工程量明细	人工
	1	混凝土工程				
1	010401001001	带形基础	m3	13.35	13.35	
	5-6	现浇砼构件 带形基础C25	m3	10.68	GCLMXHJ	
2	010402001001	构造柱	m3	32.68	32.6818	

图 6.8-2

6.9 安装费用设置的优化

业务背景：

当我们在做安装专业的预算时都会用到安装费用设置，即设置"建筑物超高费"、"系统调试费"、"脚手架搭拆费"、"操作物超高费"等安装费用。以前旧版本 4.0 或 GBQ3.0 软件中只有建工程时选择的是安装专业才可以进行安装费用设置，而现在新版本 Q4 中所有专业都有安装费用按钮，这有利于客户习惯操作，可以在新建时选择非安装专业，再分部分项建立不同的专业内容，各专业触及的内容都可以进行设置。

另外，设置安装费用可以对补充子目进行检索。客户做每一个工程，或多或少会涉及补充子目。对于计价而言，补充子目归类与否，直接会影响到工程总造价。主要涉及的有安装费用、特殊专业要求等内容。但要注意所有补充的子目都要进行指定专业的操作。如图 6.9-1 所示。

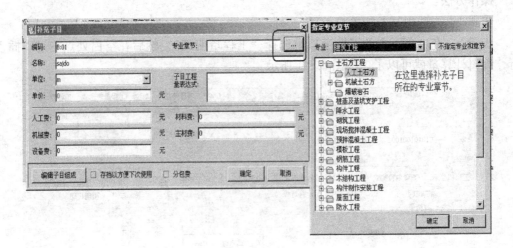

图 6.9-1

操作步骤：

步骤 1：在分部分项界面（定额计价在"预算书"界面），屏幕左侧点"统一计取安装费用"。

步骤2：在弹出的对话框中勾选要设置的安装费用。其中，费用的类型、规则说明、计算基数计取方式、费率及人材机的分摊比例都是可以自行编辑的。如图6.9-2所示。

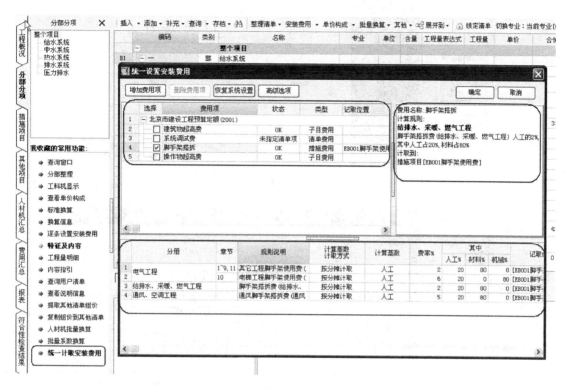

图 6.9-2

注意事项：

选中左上框的任一条费用项，右边显示当前这条费用项的默认设置，下面显示所有专业计取此项费用的默认设置，若当前工程信息与软件提供默认设置不同，在下面窗口中，修改规则说明列的选项即可。操作更简单，一目了然。

6.10 项目报表的优化：项目中增加了多套报表

业务背景：

好多用户的需要是在项目文件的报表中增加封面，或者项目文件显示界面做成报表，现在新版4.0中增加了这些报表。

操作方法：

下面来看看具体增加了哪些报表。

- 增加定额计价封面，在项目、单项节点中都有。
- 增加项目右侧区域格式，在项目、单项节点中都有。
- 增加项目统计报表，在项目节点有。

如图 6.10-1～图 6.10-3 所示。

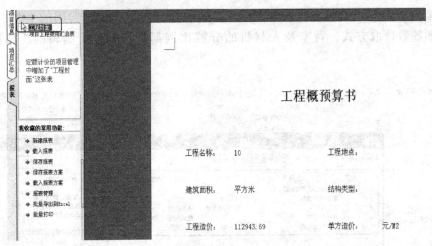

图 6.10-1

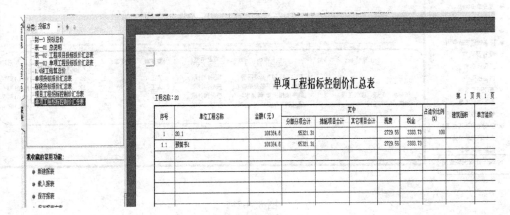

图 6.10-2

单项投标报价汇总表

工程名称：20

序号	工程项目名称	合计(万元)	备注
一	20.1	9.532131	
1.1	预算书1	9.532131	
二	措施项目		
三	其他项目		
四	设备费用		
五	规费	0.272956	
六	税金	0.333373	
七	总计	10.13846	
投标总报价(大写)：壹拾万壹仟叁佰捌拾肆元陆角			

图 6.10-3

附录　GBQ4.0 计价软件快捷键表

序号		列项	功能名称	图标	快捷键	含义及操作注意事项	操作主界面
1	通用工具条	文件工具条	打开	□	Ctrl+O	1)必须在单位工程或项目管理界面,使用此快捷键有效 2)可以切换到打开窗口,选择要打开的文件	
2			保存	日	Ctrl+S	1)必须在单位工程或项目管理界面,使用此快捷键有效 2)保存当前正在编辑的单位工程或项目文件	
3		编辑工具条	撤消	↶	Ctrl+Z	对刚刚做过的操作撤消,只对当前界面有效	撤销　Ctrl+Z　恢复　Ctrl+Y　剪切 Ctrl+X　复制 Ctrl+C　粘贴 Ctrl+V　粘贴为子项　删除　Del
4			恢复	↷	Ctrl+Y	恢复刚刚做过的操作,只对当前界面有效	
5			剪切	✄	Ctrl+X	剪切当前选中的文字内容或清单项,子目及子目下的工料机,措施项	
6			复制	▣	Ctrl+C	复制当前选中的文字内容或清单项,子目及子目下的工料机,措施项	
7			粘贴	▤	Ctrl+V	1)文字内容在不同界面间也可以粘贴 2)清单项,子目,子目下的工料机只可在当前页面粘贴	
8			删除	✕	Del	可以删除选中的内容(除软件中默认人不能删除的项,如:工程概况)	导航工具条 ×　◢　▲　▼　▶　◀
9		导航工具条	第一行	⊼	Ctrl+Home	执行后,光标跳到当前界面的第一行	
10			最后一行	⊻	Ctrl+End	执行后,光标跳到当前界面的最后一行	
11			前一行	▲	UP(即"↑")	执行后,光标跳到原来选中行的上一行	
12			下一行	▴	Down(即"↓")	执行后,光标跳到原来选中行的下一行	
13		查询		—	F3	在分部分项和措施项目界面可以弹出查询清单项,定额,人材机的窗口	

229

广联达 GBQ4.0 计价软件应用及答疑解惑

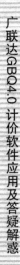

序号	列项	功能名称	图标	快捷键	含义及操作注意事项	操作主界面
14		插入	—	Ins	选中什么行,执行此功能,就会插入什么行,如 1)选中清单行,执行此功能,就会插入清单行 2)选中子目行,执行此功能,就会插入子目行 3)对于"属性窗口"下"查看单价构成","工程内容及项目特征",此功能不适用	插入 插入分部　　Ins 插入子分部　Ctrl+Ins 插入清单项　Ctrl+Q 插入子目　　Alt+Ins
15	插入	插入分部	—	Ctrl+Ins	必须选中分部行,执行后,结果是:在当前选中分部前插入与它同字级的分部	
16		插入子分部	—	Ctrl+Alt+Ins	必须选中分部行,执行后,结果是:在当前分部下插入子分部	
17		插入清单项	—	Ctrl+Q	必须选中分部行或清单行,执行后,结果是:在当前分部下插入清单项,或者在清单项前面,插入清单项	
18		插入子目	—	Alt+Ins	必须选中清单行或者子目行,执行后,结果是:在当前清单项下插入子目,或者在子目前面,插入子目	
19	分部分项	查找定位	某	Ctrl+F	可以查找并定位清单项或子目,分部	
20		强制调整编码	—	Ctrl+B	执行此功能时,必须选中要修改编码的清单项	
21		工料机显示	—	F5	无论光标在哪儿,执行此快捷键,光标都会切换到"工料机显示"窗口,若属性窗口属隐性状态,不会自动展开界面	
22		标准换算	—	F8	无论光标在哪儿,执行此快捷键,光标都会切换到"标准换算"窗口,若属性窗口属隐性状态,不会自动展开界面	
23		跳转到主菜单	—	F10	无论光标在哪儿,执行此快捷键,光标即可指向"主菜单"的"文件"	文件(F) 编辑(E) 视图(V) 工具(T)

序号	列项		功能名称	图标	快捷键	含义及操作注意事项	操作主界面
24	分部分项	查询/查询用户清单	插入	—	Alt+I	在查询清单库、定额库、人材机库,用户清单时,可以在光标所在的清单前插入	
25			替换	—	Alt+R	在查询清单库、定额库、人材机库,用户清单时,可以替换光标所在的清单项,子目,材料	
26		说明信息/分部整理	全选	—	Ctrl+A	可以选中当前界面显示的所有内容	
27	报表		新建报表	—	Ctrl+N	执行此功能时,光标必须停留在"报表"界面左上方的报表列表中	新建报表 Ctrl+N 复制 Ctrl+C 载入报表 Ctrl+L 保存报表 Ctrl+A 属性 Ctrl+R
28			载入报表	—	Ctrl+L		
29			保存报表	—	Ctrl+A		
30			属性	—	Ctrl+R	执行此功能时,必须在"报表"界面左上方选中一张报表	

附录 GBQ4.0计价软件快捷键表